T0237596

Biehler · Hofmann · Maxara · Prömmel

FATHOM 2

Rolf Biehler
Tobias Hofmann
Carmen Maxara
Andreas Prömmel

Fathom 2

Eine Einführung

 Springer

Prof. Dr. Rolf Biehler
Tobias Hofmann
Carmen Maxara
Andreas Prömmel

Fachbereich Mathematik/Informatik
Didaktik der Mathematik
Universität Kassel
Heinrich-Plett-Str. 40
34132 Kassel, Deutschland

biehler@mathematik.uni-kassel.de
fathom@mathematik.uni-kassel.de
http://www.mathematik.uni-kassel.de/~fathom

Bibliografische Information der Deutschen Bibliothek

Die Deutsche Bibliothek verzeichnet diese Publikation in der Deutschen Nationalbibliografie;
detaillierte bibliografische Daten sind im Internet über http://dnb.ddb.de abrufbar.

Mathematics Subject Classification (2000): 62-00, 62-01, 97D99, 97U70

ISBN-10 3-540-30944-6 Springer Berlin Heidelberg New York
ISBN-13 978-3-540-30944-4 Springer Berlin Heidelberg New York

Springer ist ein Unternehmen von Springer Science+Business Media

springer.de

© Springer-Verlag Berlin Heidelberg 2006
Printed in Germany

Die Wiedergabe von Gebrauchsnamen, Handelsnamen, Warenbezeichnungen usw. in diesem Werk
berechtigt auch ohne besondere Kennzeichnung nicht zu der Annahme, daß solche Namen im Sinne
der Warenzeichen- und Markenschutz-Gesetzgebung als frei zu betrachten wären und daher von
jedermann benutzt werden dürften.

Umschlaggestaltung: *design & production* GmbH, Heidelberg
Satz: Datenerstellung durch die Autoren unter Verwendung eines Springer TEX-Makropakets
Herstellung: LE-TEX Jelonek, Schmidt & Vöckler GbR, Leipzig

Gedruckt auf säurefreiem Papier   40/3100/YL - 5 4 3 2 1 0

Vorwort

Das vorliegende Buch führt in die deutsche Version von FATHOM 2 anhand von zahlreichen Beispielen aus der Stochastik und der Mathematik ein. Die Software FATHOM ist in den USA von Key Curriculum Press, CA (USA) entwickelt worden, und zwar gezielt für den Einsatz an Highschools etwa ab Klasse 8 und für die einführende Statistikausbildung an den Colleges. Die Entwicklung und Erprobung ist mit erheblichen öffentlichen Mitteln in den USA gefördert worden. FATHOM ist mittlerweile in vielen amerikanischen Bildungsinstitutionen im Einsatz.

FATHOM genügt in hervorragender Weise den in der Statistik und der Didaktik der Stochastik entwickelten Kriterien für eine Werkzeugsoftware, die sowohl das Lernen wie das Anwenden von Stochastik unterstützen soll. Sie schließt eine lange von Vielen empfundene Lücke zwischen Statistiksystemen und allgemeinen mathematischen Systemen. Komplexe statistische Anwendersysteme stellen zwar Methoden bereit, unterstützen aber wenig das Lernen und einfache Anwenden in der einführenden Ausbildung. Allgemeine Systeme wie Computeralgebrasysteme und Tabellenkalkulationssysteme muss man häufig verbiegen oder man hat sich selber zu verbiegen, um einfache statistische Auswertungen oder stochastische Simulationen zu realisieren, wenn das überhaupt angemessen unterstützt wird.

Der erstgenannte Autor dieser Einführung ist seit mehr als 20 Jahren auf der Suche nach einer passenden Software für den Stochastikunterricht und die einführende Stochastikausbildung gewesen, und zwar nach einer Software, die auch moderne Konzeptionen wie Explorative Datenanalyse, stochastische Simulation und computerintensive Statistik elegant und einfach unterstützt und die systematische Einbeziehung realer Daten in die Statistikausbildung ermöglicht. Zugleich soll sie ein flexibles Werkzeug darstellen, mit dem Lernende und Lehrende eigene Methoden realisieren und untersuchen können. Auch sollte das Werkzeug die Erstellung interaktiver Dokumente unterstützen, mit denen man eine Datenanalyse dokumentieren und annotieren oder interaktive Arbeitsumgebungen für Lernende vorbereiten kann.

All dies lässt sich mit FATHOM relativ leicht realisieren.

Wir haben an der Universität Kassel seit dem Jahr 2000 intensiv mit der amerikanischen Version 1 in der einführenden Stochastikausbildung gearbeitet, vor allem bei der fachlichen und fachdidaktischen Ausbildung von Lehramtsstudierenden. Ferner haben wir in mehreren Schulen, vor allem im Raum Kassel, aber auch überregional mit der Software FATHOM sehr gute Erfahrungen gemacht. In mehreren Dissertationen und Staatsexamensarbeiten in unserer Arbeitsgruppe wird der Einsatz von FATHOM im Hinblick auf die Veränderung und Verbesserung der Stochastikausbildung untersucht.

Das hat uns ermutigt, die Adaptation der Software ins Deutsche anzugehen. Vor allem für deutsche Schulen, aber auch für viele Studierende scheint uns im deutschen Interface ein wesentlicher Vorteil zu liegen.

Das mit der Software ausgelieferte deutsche Hilfesystem folgt im Wesentlichen der amerikanischen Vorlage. Die vorliegende Einführung haben wir aber völlig neu konzipiert. In sie fließen unsere Erfahrungen an der Universität Kassel und an Erprobungsschulen indirekt ein.

Wir haben uns bemüht, ein breites Anwendungsspektrum der Software vorzustellen, das auch bis in den „reinen" Mathematikunterricht hineinreicht. So bietet FATHOM sicher einen der vielseitigsten Funktionenplotter an. Nicht angesprochen haben wir die Anwendung von FATHOM für „höhere" statistische Methoden wie Varianzanalyse und multilineare Regression.

Über die Begeisterung für die Möglichkeiten der Software und dem Spaß an den Anwendungsbeispielen ist uns das einführende Buch fast zu umfangreich geraten. Man kann aber durchaus einzelne Kapitel oder Teile davon lesen, ohne dass man alles Vorangehende gelesen hätte. Wir versuchen immer relativ tätigkeitsnah bei den Anweisungen zum Umgang mit FATHOM zu bleiben. Das hat für die Experten dann manchmal den Vor- oder Nachteil, dass sie Passagen überspringen können.

Wir möchten uns herzlich bei denjenigen bedanken, die uns direkt und indirekt unterstützt haben, bzw. deren Erfahrungen in unsere Einführung mit eingeflossen sind. Gemeinsam mit Klaus Kombrink, ehemals Mitglied unserer Arbeitsgruppe, wurde die Pionierarbeit mit FATHOM an der Universität Kassel in den Jahren 2000 bis 2004 erfolgreich durchgeführt. Thorsten Meyfarth, Mitglied unserer Arbeitsgruppe, hat wesentlich an dem Entwurf und der Erprobung praktikabler innovativer Konzepte für den FATHOM-Einsatz in der gymnasialen Oberstufe mitgearbeitet.

Die Kooperation mit den Ansprechpartnern bei Key Curriculum Press lief immer hervorragend. Wir möchten stellvertretend und vor allem Bill Finzer als

Project Director und Kirk Swenson als Lead Programmer danken, die beide immer wieder geduldig unsere $n+1$te Version des deutschen Systems technisch implementiert haben und für Nachfragen aller Art zu FATHOM zur Verfügung standen.

Wir bedanken uns besonders bei Clemens Heine vom Springer-Verlag in Heidelberg für die nun schon langjährige, immer ermutigende Begleitung und Förderung unseres Projektvorhabens. Ohne ihn wäre das vorliegende Produkt nicht zustande gekommen.

Last not least, bedanken sich alle anderen Autoren herzlich bei unserem Mitautor Tobias Hofmann, der uns überzeugt hat, dass wir das ganze Buch in LATEX setzen sollten. Unvorsichtigerweise hatte Tobias sich bereit erklärt, allen anderen Autoren bei Fein- und Grobarbeiten Unterstützung zu gewähren und den perfekten Feinschliff selbst vorzunehmen, was im Endeffekt sehr zeitaufwendig war.

Wir wünschen Ihnen viel Freude mit der Stochastik und mit der Software FATHOM. Für Fragen stehen wir zur Verfügung.

Kassel, im Januar 2006

Rolf Biehler
Tobias Hofmann
Carmen Maxara
Andreas Prömmel

Inhaltsverzeichnis

XII   Inhaltsverzeichnis

1

Grundkomponenten in Fathom

1.1 Dateneingabe

Möchten Sie zum Beispiel Daten aus einem Zeitungsausschnitt, einer Schülerbefragung oder andere Daten in Fathom eingeben, die Sie nicht in elektronischer Form vorliegen haben, so müssen Sie diese per Hand eingeben. Die Dateneingabe per Hand geschieht am einfachsten über eine Datentabelle. In diesem Beispiel möchten wir folgende Daten einer Schülerbefragung der Jahrgangsstufe 11 eingeben: es liegen Daten von 10 Schüler(inne)n vor mit den Merkmalen *Name, Geschlecht, Alter, Größe, Gewicht* und *Kneipenbesuch*.

Tabelle 1.1. Daten aus der Schülerbefragung

Name	Geschlecht	Alter	Größe	Gewicht	Kneipenbesuch
Anna-Lena	w	16	1,7	60	1-2x/Monat
Hank Sepalot	m	17	1,92	85	1-2x/Monat
TAFKAP	m	16	1,84	77	seltener
Tinki-Winki	m	16	1,8	68	1x/Woche
Hans	m	16	1,8	77	1x/Woche
Eugen	m	17	1,94	92	nie
Sarah 1	w	17	1,7	53	2-3x/Woche
Josephine	w	18	1,7	56	2-3x/Woche
J.J.	w	17	1,67	58	1x/Woche
Candy	w	17	1,68	55	1-2x/Monat

1. Ziehen Sie eine neue Datentabelle aus der Symbolleiste in Ihren Arbeitsbereich oder wählen Sie **Objekt>Neu>Datentabelle**.

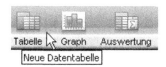

2. Geben Sie bei <neu> in der ersten Zeile den Namen des ersten Merkmals (hier: *Name*) ein und drücken Sie die Return-Taste.

ANMERKUNG: Merkmalsnamen dürfen nur aus Buchstaben, Zahlen und Unterstrichen bestehen, wobei sie nicht mit einer Zahl beginnen dürfen. Leerzeichen und andere Zeichen sind nicht erlaubt.

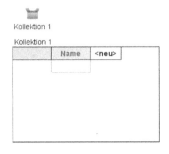

Zu der noch leeren Datentabelle wird automatisch eine leere Kollektion erstellt, die als eine leere Box dargestellt wird. Die Kollektion wird automatisch zunächst mit *Kollektion 1* benannt.

3. Klicken Sie nun in die Zelle unter *Name* und geben Sie die Namen der Schüler ein. Mit der Return- oder Tab-Taste können Sie in die nächste Zelle wechseln.

Nach der Eingabe des ersten Schülernamens füllt sich die Box, das Symbol der Kollektion, mit goldenen Bällen. Dies symbolisiert, dass die Kollektion nun mindestens einen Fall enthält.

4. Geben Sie die weiteren Merkmale nach demselben Schema ein.

Die Tabelle sieht dann wie folgt aus:

Kollektion 1

Kollektion 1

	Name	Geschlecht	Alter	Größe	Gewicht	Kneipenbesuch
1	Anna-Lena	weiblich	16	1,7	60	1-2x/Monat
2	Hank Sepalot	männlich	17	1,92	85	1-2x/Monat
3	TAFKAP	männlich	16	1,84	77	seltener
4	Tinki-Winki	männlich	16	1,8	68	1x/Woche
5	Hans	männlich	16	1,8	77	1x/Woche
6	Eugen	männlich	17	1,94	92	nie
7	Sarah1	weiblich	17	1,7	53	2-3x/Woche
8	Josephine	weiblich	18	1,7	56	2-3x/Woche
9	J.J.	weiblich	17	1,67	58	1x/Woche
10	Candy	weiblich	17	1,68	55	1-2x/Monat

In FATHOM repräsentiert jede Zeile einen Fall. In unserem Beispiel entspricht jeder Fall, also jede Zeile, einem Schüler. Die Spalten repräsentieren dagegen die Merkmale oder Variablen. In der Datentabelle haben Sie eine gute und gewohnte Übersicht über die vorhandenen Fälle und Merkmale. Ein weiteres wichtiges Instrument, in dem man sich die Fälle und Merkmale ansehen und auch bearbeiten kann, ist das Info-Fenster der Kollektion.

5. Öffnen Sie das Info-Fenster der Kollektion mit einem Doppelklick auf die Kollektion (auf die mit goldenen Bällen gefüllte Box) oder markieren Sie die Kollektion und wählen Sie aus dem Menü **Objekt>Info Kollektion**.

Eine Kollektion oder ein anderes Objekt markieren Sie mit einem einfachen Klick auf das Objekt. Es wird dann mit einem dickeren blauen Rahmen versehen. Das Info-Fenster der Kollektion besitzt verschiedene Registerkarten und zeigt zunächst die Registerkarte **Fälle**. Auf dieser Registerkarte wird jeder Fall auf einem „Blatt" dargestellt. Sie können mit den Pfeilen in der Leiste links unten von einem Fall zum nächsten wechseln und wieder zurück.

In FATHOM werden zwei Variablentypen unterschieden: numerische und kategoriale Merkmale. Merkmale deren Werte aus Zahlen oder Größen (Werte mit Einheiten vgl. Abschnitt 1.3.2) bestehen, werden als numerische Variablen behandelt, Merkmale, deren Werte aus Zeichen oder Zeichenketten bestehen, werden kategorial behandelt.

6. Mit einem Doppelklick auf den Namen der Kollektion können Sie diesen editieren. Oder markieren Sie die Kollektion und wählen Sie **Kollektion>Kollektion umbenennen...** Geben Sie in die erscheinende Dialogbox den neuen Namen ein: `Schülerbefragung`.

1.2 Import von Daten

Prinzipiell haben Sie zwei Möglichkeiten Daten nach FATHOM zu bringen bzw. zu importieren. Zum einen können Sie die Daten in einem anderen Programm oder auf einer Webseite kopieren und in FATHOM in eine Kollektion einfügen, zum anderen können Sie dazu auch die Importfunktion von FATHOM nutzen.

1.2.1 Kopieren und Einfügen von Daten

Daten können aus verschiedenen Programmen (z. B. Excel) oder von einer Webseite durch Kopieren und Einfügen nach FATHOM gebracht werden. Wichtig ist dabei, dass die Daten in einer möglichst geeigneten Struktur vorliegen,

d. h. Fälle sollten möglichst in Zeilen dargestellt sein und die Merkmale oder Variablen in Spalten. Günstig ist auch, wenn die erste Zeile die Merkmalsnamen enthielte, so dass diese gleich mit integriert werden können.

Angenommen die Schülerbefragung mit der Sie arbeiten möchten wurde mit einem anderen Programm erstellt und beinhaltet Daten von Schülern aus verschiedenen Klassen.

1. Öffnen Sie in dem entsprechenden Programm die Datei (in einem anderen Fall vielleicht eine Webseite) mit den Daten.

	A	B	C	D	E	F
1	**Name**	**Geschlecht**	**Alter**	**Größe**	**Gewicht**	**FZ_Kneipe**
2	A	männlich	17	1,88	70	2-3x/Woche
3	Abby	weiblich	17	1,7	56	2-3x/Woche
4	Adidas-gilry	weiblich	17	1,7	51	1x/Woche
5	Agneta	weiblich	17	1,8	75	1-2x/Monat
6	Ailton	männlich	16	1,9	80	1x/Woche
7	Alaina Macbaren	weiblich	17	1,8	85	1x/Woche

2. Markieren und kopieren Sie alle Fälle mit den Merkmalsnamen, die Sie in Fathom einfügen möchten.

3. Wechseln Sie nach FATHOM und ziehen Sie eine neue Kollektion in Ihren Arbeitsbereich.

4. Markieren Sie die Kollektion und wählen Sie aus dem Menü **Bearbeiten>Fälle einfügen**.

Das Symbol der Kollektion, die Box, füllt sich mit goldenen Bällen. Die Kollektion enthält folglich Daten. Sinnvoll ist es nun zu überprüfen, ob die Daten in gewünschter Weise eingefügt wurden.

5. Markieren Sie die Kollektion und ziehen Sie anschließend eine Datentabelle aus der Symbolleiste in Ihren Arbeitsbereich.

Wenn Sie schon eine leere Tabelle vorliegen haben, können Sie auch den Namen der Kollektion auf die leere Datentabelle ziehen. Die Tabelle sollte wie folgt aussehen:

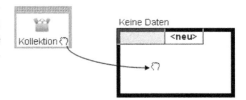

Kollektion 1						
	Name	Geschlecht	Alter	Größe	Gewicht	FZ_Kneipe
1	A	männlich	17	1,88	70	2-3x/Woche
2	Abby	weiblich	17	1,7	56	2-3x/Woche
3	Adidas-g...	weiblich	17	1,7	51	1x/Woche
4	Agneta	weiblich	17	1,8	75	1-2x/Monat
5	Ailton	männlich	16	1,9	80	1x/Woche

Im Idealfall wurden die Merkmalsnamen direkt übernommen, so dass der erste Fall in der ersten Zeile steht. Wenn dies nicht der Fall ist, können verschiedene Faktoren dafür verantwortlich sein. Lesen Sie dazu die detailierteren Ausführungen in der FATHOM-Hilfe.

Nun können Sie noch die Kollektion mit einem Doppelklick auf ihren Namen umbenennen.

1.2.2 Daten importieren

In FATHOM können Sie Daten aus einer Datei, von einer beliebigen Webseite oder der Zensusdatenbank der USA importieren. Für den Import von Daten aus dem Internet oder der Zensusdatenbank lesen Sie in der FATHOM-Hilfe nach. Direkt importieren lassen sich nur Text- oder Html-Dateien. Liegen Ihre Daten in einem anderen Format vor, müssen Sie diese zuerst als Text- oder Html-Datei aus dem aktuellen Programm exportieren.

Liegen die Daten aus Ihrer Schülerbefragung in einer tabstop-getrennten Textdatei vor, so können Sie diese importieren (oder aber auch durch Kopieren und Einfügen nach FATHOM bringen).

1. Wählen Sie aus dem Menü **Datei>Importieren> Importieren aus Datei...**

Es öffnet sich ein Fenster, in dem Sie die gewünschte Datei, z. B.: *Schülerbefragung_ gesamt*, auswählen können.

2. Markieren Sie die gewünschte Datei und drücken Sie den Button **Öffnen**.

In FATHOM erscheint nun eine Kollektion, die die Daten enthält.

3. Öffnen Sie zu der Kollektion eine Datentabelle, um zu überprüfen, ob die Daten wie gewünscht importiert wurden.

Kollektion 1			
	Name	Geschl...	Alter
1	A	männlich	17 Jr
2	Abby	weiblich	17 Jr
3	Adidas-g...	weiblich	17 Jr
4	Agnete	weiblich	17 Jr

Anschließend können Sie die Kollektion mit einem Doppelklick auf den Namen umbenennen.

1.3 Daten einrichten

Die Daten lassen sich in der Kollektion noch auf verschiedenen Ebenen einrichten. Beispielsweise können Daten in dem geöffneten Kollektionsfenster symbolisch dargestellt und benannt werden, so dass man einen anderen Blick auf die Daten erhält (hierzu finden sich auch viele interessante Anwendungen in den Beispieldokumenten). Werte von Daten können mit Einheiten versehen werden, die dann auch in Berechnungen, Auswertungen und graphischen Darstellungen mit übernommen werden und sie können mit Kategorienlisten verknüpft werden. Für weiterführende Analysen können außerdem neue Merkmale hinzugefügt werden. Sie können aus anderen Dateien oder Kollektionen in die aktuelle Kollektion eingefügt werden oder aber aus vorhandenen Merkmalen berechnet werden.

1.3.1 Darstellung von Fällen im Kollektionsfenster

Markiert man die Kollektion, so kann man sie an den Ecken ziehen und vergrößern. Nun sieht man jeden Fall als einen goldenen Ball mit der Überschrift „Ein Fall". Diese Darstellungsform der Fälle kann man auf der Registerkarte **Anzeige** im Info-Fenster der Kollektion in vielfältiger Weise verändern. Die Anzeigemerkmale x und y bestimmen die Position des Mittelpunktes eines Fallsymbols ausgehend von der linken oberen Ecke, wobei x die Positionierung nach rechts bestimmt und y die Positionierung nach unten.

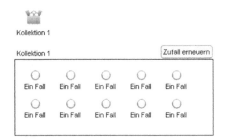

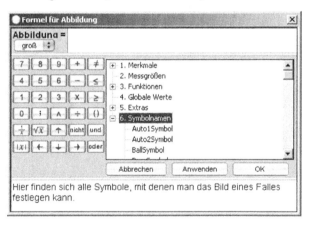

In der Zeile *Abbildung* kann man das Symbol für die einzelnen Fälle über eine Formel festlegen. Wir möchten uns in diesem Beispiel nun ein Symbol für eine Frau anzeigen lassen, falls es sich um eine Schülerin handelt, und entsprechend ein Symbol für einen Mann, wenn es sich um einen Schüler handelt.

1. Öffnen Sie mit einem Doppelklick auf die Kollektion das Info-Fenster und gehen Sie auf die Registerkarte **Anzeige**.

2. Öffnen Sie mit einem Doppelklick auf die Formelzelle des Anzeigemerkmals *Abbildung* den Formeleditor.

Im Listenfenster können Sie sich alle in FATHOM zur Verfügung stehenden Symbolnamen anzeigen lassen, wenn Sie auf **Symbolnamen** klicken.

3. Geben Sie folgende Formel ein:

$$\texttt{wenn(Geschlecht = ``weiblich'')} \begin{cases} \texttt{Frau1Symbol} \\ \texttt{Mann1Symbol} \end{cases}.$$

Drücken Sie anschließend die Return-Taste oder auf den Button **OK**. Die *wenn*-Anweisung überprüft den Ausdruck in der runden Klammer (hier:

Geschlecht = "weiblich"). Ist diese Bedingung für einen Fall wahr, so wird der obere Ausdruck in der geschweiften Klammer ausgegeben, wenn die Bedingung falsch ist, so wird der untere Ausdruck ausgegeben.

Die goldenen Bälle sind nun durch die gewählten Symbole ersetzt. Um zu sehen, welcher Fall welche Person repräsentiert, kann man die Überschriften der einzelnen Fälle mit Merkmalswerten versehen.

4. Öffnen Sie mit einem Doppelklick auf die Formelzelle des Anzeigemerkmals *Überschrift* den Formeleditor.

5. Geben Sie den Merkmalsnamen `Name` ein. Sie können ihn auch aus dem Listenfenster unter Merkmale mit einem Doppelklick einfügen.

Die vergrößerte Kollektion sieht nun folgendermaßen aus:

Da sich nun die Namen der einzelnen Schüler überschneiden und nicht gut lesbar sind, verschieben wir nun die Symbole der Fälle in der vergrößerten Kollektion.

6. Markieren Sie mit der Maus ein Fallsymbol, fassen Sie es und platzieren Sie es an einer geeigneter Stelle.

Die Merkmalswerte der Anzeigemerkmale x und y aktualisieren sich im Info-Fenster der Kollektion automatisch und können evtl. noch etwas angepasst werden, so dass die Symbole etwa alle auf gleicher Höhe sind. Wenn Sie die Werte der Merkmale *Breite* und *Höhe* ändern, können Sie die Größe der Symbole variieren. Bei einer Zahl größer als 32 leidet allerdings die Auflösung der Symbole.

1.3.2 Einheiten

Die Merkmale *Alter*, *Größe* und *Gewicht* lassen sich mit Einheiten versehen. Man kann Einheiten entweder direkt hinter einen Wert des Merkmals schreiben und die Return-Taste drücken oder man kann sich eine Einheitenzeile anzeigen lassen, in die man die Einheiten oder evtl. auch verknüpfte Einheiten (z. B. für Geschwindigkeit) eingibt. Wenn FATHOM die Einheit kennt, so wird in beiden Fällen die Einheit automatisch für alle (weiteren) Werte des Merkmals übernommen. Kennt FATHOM die Einheit allerdings nicht, so erscheint ein Dialogfenster, in dem gefragt wird, ob man diese Einheit neu definieren möchte. FATHOM erkennt Abkürzungen für Einheiten sowie ausgeschriebene Fassungen.

Für eine Übersicht der verfügbaren Einheiten sowie deren Abkürzungen lesen Sie den entsprechenden Abschnitt der FATHOM-Hilfe.

1. Markieren Sie die Datentabelle und wählen Sie im Kontextmenü (rechte Maustaste) **Einheiten zeigen**.

Es erscheint unter der Zeile mit den Merkmalsnamen eine Einheitenzeile.

Schülerbefragung			
	Name	**Geschle...**	**Alter**
Einheiten			
1	Anna-Lena	weiblich	16
2	Hank Se...	männlich	17
3	TAFKAP	männlich	16
4	Tinki-Winki	männlich	16
5	Hans	männlich	16

2. Geben Sie in die Einheitenzelle des Merkmals *Alter* `Jahre` ein und drücken Sie die Return-Taste.

FATHOM hat nun alle Werte des Merkmals *Alter* mit der Abkürzung *Jr* für Jahre versehen. Der Name der Einheit steht weiterhin in der Einheitenzeile.

Schülerbefragung			
	Name	**Geschle...**	**Alter**
Einheiten			Jahre
1	Anna-Lena	weiblich	16 Jr
2	Hank Se...	männlich	17 Jr
3	TAFKAP	männlich	16 Jr
4	Tinki-Winki	männlich	16 Jr
5	Hans	männlich	16 Jr

3. In die Einheitenzellen der Merkmale *Größe* und *Gewicht* können Sie die Abkürzungen der Einheiten eingeben: `m` und `kg` für Meter und Kilogramm. Bestätigen Sie die Einheiten anschließend wieder mit der Return-Taste.

Die Tabelle sieht nun wie folgt aus (die abgekürzten Einheiten werden in der Einheitenzeile automatisch ausgeschrieben):

Schülerbefragung						
	Name	**Geschl...**	**Alter**	**Größe**	**Gewicht**	**Kneipe...**
Einheiten			Jahre	Meter	Kilogramm	
1	Anna-...	weiblich	16 Jr	1,7 m	60 kg	1-2x/Mo...
2	Hank ...	männlich	17 Jr	1,92 m	85 kg	1-2x/Mo...
3	TAFK...	männlich	16 Jr	1,84 m	77 kg	seltener
4	Tinki-...	männlich	16 Jr	1,8 m	68 kg	1x/Woche

1.3.3 Kategorienliste

Zieht man ein kategoriales Merkmal in einen Graphen oder in eine Auswertungstabelle, so werden die Kategorien lexikographisch sortiert, was nicht immer sinnvoll ist.

Schülerbefragung

| | Kneipenbesuch | | | | | Zeilen- |
	1-2x/Monat	1x/Woche	2-3x/Woche	nie	seltener	zusammenfassung
	3	3	2	1	1	10

S1 = Anzahl ( )

Man kann die Kategorien eines Merkmals in Graphen zwar durch Verschieben der Merkmalsnamen umsortieren (dies geht nicht in Auswertungstabellen), muss dies aber für jede (neue) Graphik jedesmal neu tun. Möchte man die Kategorien aber nicht nur einmal, sondern in allen Objekten prinzipiell in einer bestimmten Reihenfolge erscheinen lassen sowie vielleicht auch Kategorien, die keine Werte enthalten für die Auswertung aber wichtig sind, so ist es sinnvoll das Merkmal oder die Merkmale mit einer Kategorienliste zu verknüpfen.

Kategorienlisten werden dazu verwendet die Werte eines oder mehrerer Merkmale in Kategorien zu gruppieren. Kategorienlisten können zu kategorialen, aber auch zu numerischen Merkmalen erstellt werden. (Dies ist eine Möglichkeit numerische Merkmale kategorial zu behandeln.) Man kann die Kategorienlisten durch Eingeben der Kategorien selbst definieren oder aber aus schon vorhandenen Werten automatisch erstellen lassen. Hilfreich ist auch, dass man dabei die Reihenfolge der Kategorien festlegen kann, und dass diese in allen Graphiken und Auswertungstabellen übernommen wird.

Kategorienlisten aus Werten erzeugen

Wir erzeugen zunächst eine Kategorienliste aus den vorhandenen Werten des Merkmals *Kneipenbesuch* und ordnen sie dann nach der Häufigkeitsstufe.

1. Öffnen Sie das Info-Fenster der Kollektion *Schülerbefragung* mit einem Doppelklick auf die Kollektion oder markieren Sie die Kollektion und wählen Sie aus dem Menü **Objekt>Info Kollektion**.

2. Wechseln Sie auf die Registerkarte **Fälle** und klicken Sie auf den Button **Details zeigen** in der unteren rechten Ecke des Fensters. (Die Beschriftung des Buttons ändert sich nun in **Details verbergen**.)

3. Markieren Sie nun das Merkmal *Kneipenbesuch*, indem Sie auf den Merkmalsnamen klicken.

4. Wählen Sie aus dem Pull-down-Menü hinter *Kategorienliste* die Option **Erzeugen aus Wert**.

Es wurde nun eine Kategorienliste erstellt, deren Kategorien die Werte des ausgewählten Merkmals sind. Sie können sich die Kategorienliste auf der Registerkarte **Kategorien** ansehen und die Kategorienliste mit einem Doppelklick auf den Namen umbenennen.

5. Wechseln Sie auf die Registerkarte **Kategorien**.

Alle vorhandenen Werte des Merkmals sind als Kategorien aufgelistet und mit Semikola getrennt. Da die Reihenfolge der Kategorien für die Darstellung der verknüpften Merkmale wichtig ist, sollten wir diese noch in eine sinnvolle Reihenfolge bringen. Dazu haben Sie prinzipiell zwei Möglichkeiten:

a) Ziehen Sie das Merkmal, das mit der Kategorienliste verknüpft ist auf einen Graphen und ändern Sie dort durch Verschieben der Kategorien die aktuelle Reihenfolge. (Fassen Sie dazu die Kategoriennamen.)

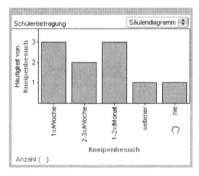

Die Reihenfolge der Kategorien ändert sich nun auch in der Kategorienliste und in allen verknüpften Merkmalen und Objekten.

b) Ändern Sie auf der Registerkarte **Kategorien** des Info-Fensters per Hand die Reihenfolge der Kategorien. (Sie können auch die Textbearbeitungsoptionen des Kontextmenüs nutzen.)

Kategorienlisten direkt eingeben

Genauso gut können Sie eine Kategorienliste per Hand erstellen. Dies geschieht direkt auf der Registerkarte **Kategorien**.

1. Öffnen Sie das Info-Fenster der Kollektion und gehen Sie auf die Registerkarte **Kategorien**.

2. Geben Sie unter *Kategorienliste* bei *<neu>* den Namen (z. B.: *Häufigkeitsstufen*) der neuen Kategorienliste ein und drücken Sie die Return-Taste.

Eine etwas allgmeinere Bezeichnung wie *Häufigkeitsstufen* ist sinnvoll, wenn Sie mehrere Merkmale mit denselben Kategorien verknüpfen möchten. Dazu müssen Sie dann nur eine Kategorienliste erzeugen.

3. Geben Sie nun in die nebenstehende Zelle die Kategorien mit Semikola getrennt in der Reihenfolge ein, in der die Kategorien in Graphen, Auswertungstabellen und anderen Objekten erscheinen sollen.

Nun haben Sie eine Kategorienliste erstellt und müssen Sie nur noch mit einem oder auch mehreren Merkmalen verknüpfen. Die Merkmale müssen natürlich Werte haben, die diesen Kategorien entsprechen. Falls dies nicht der Fall ist, müssen Sie entweder die Kategorien den Merkmalswerten anpassen oder die Werte der Merkmale geeignet transformieren (vgl. Abschnitt 2.7). Sie können aber auch Kategorien in die Liste mit aufnehmen, von denen Sie wissen, dass sie nicht bei den Merkmalswerten vorkommen wie beispielsweise „jeden Tag", die Sie aber gerne in den verschiedenen Darstellungsformen sehen möchten.

4. Wechseln Sie auf die Registerkarte **Fälle** und klicken Sie auf den Button **Details zeigen**.

5. Markieren Sie das Merkmal, das Sie mit der Kategorienliste verknüpfen möchten und wählen Sie aus dem Pull-down-Menü hinter Kategorienliste **Häufigkeitsstufen** aus.

Das Merkmal ist nun mit der Kategorienliste verknüpft. Sie können auch gleichzeitig mehrere Merkmale markieren, indem Sie die Shift-Taste gedrückt halten während Sie die Merkmale anklicken und diese anschließend mit einer Kategorienliste verknüpfen.

Die Verknüpfung von Kategorienlisten mit Merkmalen können Sie auch wieder lösen.

6. Markieren Sie das Merkmal, bei dem Sie die Verknüpfung lösen möchten und wählen Sie aus dem Pull-down-Menü hinter Kategorienliste **Keines** aus.

1.3.4 Definition weiterer Merkmale

Zunächst möchten wir ein weiteres Merkmal *BMI*, den Body Mass Index, erstellen. Dazu erzeugen wir ein neues Merkmal, dass durch eine Formel definiert wird, die auf dem Gewicht und der Körpergröße der Schüler basiert:

$$\mathrm{BMI} = \frac{\mathrm{Gewicht}}{\mathrm{Größe}^2} \, .$$

Das neue Merkmal kann hinter die anderen Merkmale eingefügt werden, indem man einfach in die letzte Spalte, in der *<neu>* steht, einen neuen Merkmalsnamen einträgt. Man kann ein neues Merkmal aber auch zwischen schon vorhandene Merkmale platzieren.

1. Markieren Sie in der Datentabelle das Merkmal vor dem das neue Merkmal eingefügt werden soll.

2. Wählen Sie über das Kontexmenü (rechte Maustaste) die Option **Neue Merkmale...**

Es erscheint eine Dialogbox, in die der Name des neuen Merkmals eingegeben werden kann.

3. Geben Sie BMI ein und klicken Sie auf **OK** oder drücken Sie die Return-Taste.

Es wird eine neue Spalte mit dem Merkmalsnamen *BMI* eingefügt. Diese möchten wir nun durch eine Formel definieren.

4. Markieren Sie das Merkmal und öffnen Sie über das Kontextmenü **Formel bearbeiten** den Formeleditor.

5. Geben Sie die Formel Gewicht/Größe^2 ein.

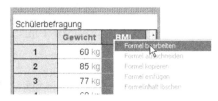

Die Formel berechnet nun für jeden Fall, also für jeden Schüler den Body Mass Index aus den Merkmalen *Gewicht* und *Größe*.

Schülerbefragung			
	Größe	Gewicht	BMI
Einheiten	Meter	Kilogramm	kg/m^2
=			$\dfrac{Gewicht}{Größe^2}$
1	1,7 m	60 kg	20,7612 kg/m^2
2	1,92 m	85 kg	23,0577 kg/m^2
3	1,84 m	77 kg	22,7434 kg/m^2

Die Spalte *BMI* ist dynamisch mit den anderen zwei Spalten verknüpft. Fügen Sie also der Kollektion weitere Fälle hinzu, so werden die Werte für die neuen Fälle automatisch berechnet. Bei Änderung von Werten in den Spalten *Gewicht* und *Größe* wird der BMI aufgrund der Verknüpfung auch automatisch neu berechnet. Die Einheit des Merkmals *BMI* wird über die Formel aus den Einheiten der verwendeten Merkmale zusammengesetzt. Sie können sich die Einheiten- und auch die Formelzeile über das Kontextmenü anzeigen lassen. Die Spaltenhöhe und -breite können Sie durch ein Ziehen der Zellenränder variieren.

Die Felder des neuen Merkmals sind grau hinterlegt, um anzuzeigen, dass die Werte durch eine Formel berechnet wurden. Solche Werte können nicht per Hand in der Tabelle geändert werden. Möchten Sie einmal einen formelberechneten Wert ändern, so müssten Sie zunächst den Formelinhalt der zugehörigen Spalte löschen. Die Werte werden dadurch nicht gelöscht, sondern verlieren nur ihren grauen Hintergrund und können nun einzeln bearbeitet werden.

1.4 Graphen und Auswertungstabellen

Graphen und Auswertungstabellen bieten in FATHOM die Möglichkeit Daten zu visualisieren und auszuwerten. Beide Objekte lassen sich aus der Symbol-

leiste in Ihren Arbeitsbereich ziehen oder über das Menü **Objekt>Neu>
[Objekt]** einfügen. In die noch leeren Objekte können durch drag and drop
Merkmale eingefügt werden.

1.4.1 Einfache Graphiken

1. Ziehen Sie aus der Symbolleiste einen neuen Graphen.

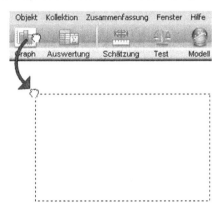

2. Ziehen Sie nun aus der Datentabelle, dem Info-Fenster oder anderen Objekten ein Merkmal auf eine der Achsen.

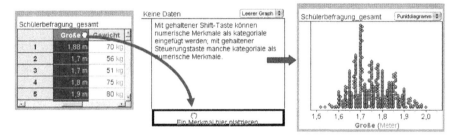

Wenn Sie ein kategoriales Merkmal auf eine der Achsen ziehen, erhalten Sie
zunächst ein Säulendiagramm. Wenn Sie ein numerisches Merkmal auf eine der
Achsen ziehen erhalten Sie ein Punktdiagramm. Die gelb unterlegte Information, die in dem Graphen erscheint, sagt Ihnen wie man kategoriale Merkmale
als numerische darstellt und umgekehrt. Sie können bei den Graphiken noch
zwischen verschiedenen Darstellungsarten wählen.

3. Wählen Sie die Art des Graphs aus dem Pull-
   down-Menü in der oberen rechte Ecke des
   Graphfensters.

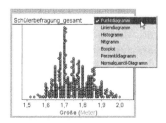

In die Graphik lassen sich nun noch verschiedene
Kennzahlen eintragen.

4. Markieren Sie den Graph und wählen Sie im Menü **Graph Wert einzeichnen**. Es öffnet sich automatisch der Formeleditor, in den Sie die Formel für Werte eingeben können. Geben Sie `aMittel( )` für das arithmetische Mittel ein. Drücken Sie den Button **OK** oder die Return-Taste, um die Formel zu bestätigen.

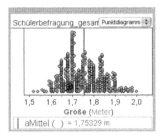

Die Formel des eingezeichneten Wertes steht im unteren Fensterrand. Geben Sie in die Funktion kein Argument ein, so bezieht sich die Formel automatisch auf das in der Graphik dargestellte Merkmal. Wenn Sie zum Mittelwert auch noch die Standardabweichung einzeichnen möchten, gehen Sie wie folgt vor:

5. Wiederholen Sie die Schritte unter 4. und geben Sie einmal die Formel `aMittel( ) + S ( )` und einmal die Formel `aMittel( ) - S ( )` ein, für das arithmetische Mittel plus/minus einmal die Standardabweichung.

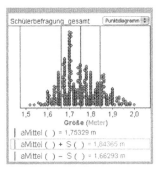

Jeder eingezeichnete Wert erscheint in einer anderen Farbe. Die entsprechenden Formeln stehen unterhalb der Graphik und sind ebenfalls farblich markiert. Die eingezeichneten Werte bleiben erhalten, wenn Sie die Darstellungsart der Graphik ändern. Je nachdem welche Darstellungsart einer Graphik Sie gerade vorliegen haben, können Sie auch bewegliche Geraden oder Funktionen einzeichnen.

1.4.2 Komposite Graphiken

In Graphiken lassen sich auf unterschiedliche Weise mehrere Merkmale einfügen. Sie können beispielsweise mehrere gleichartige Merkmale auf eine Achse ziehen, Merkmale auf beide Achsen ziehen oder Merkmale in die Mitte einer Graphik platzieren. Sie können etwas mit den Graphiken experimentieren, um eine geeignete Darstellung Ihrer Daten zu erhalten. Im Folgenden werden einige Beispiele anhand der Schülerbefragung vorgestellt. Detaillierte Ausführungen finden Sie in der FATHOM-Hilfe.

Wenn man nun an den Unterschieden der Körpergröße bezüglich der Jungen und Mädchen interessiert ist, kann man das Punktdiagramm aufsplitten, so dass Jungen und Mädchen unterschiedlich dargestellt werden.

1. Erstellen Sie eine neue Graphik und ziehen Sie das Merkmal *Größe* auf die horizontale Achse.

2. Ziehen Sie nun das Merkmal *Geschlecht* auf die Mitte der Graphik.

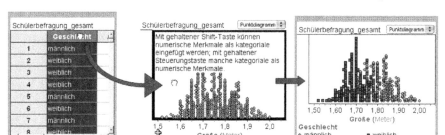

Sie erhalten ein Punktdiagramm, in dem die Jungen durch graue Punkte und die Mädchen durch blaue Quadrate dargestellt werden. Ein Merkmal, das auf die Mitte einer Graphik gezogen wurde, wird mit *Legendenmerkmal* bezeichnet.

Genauso gut können Sie das Merkmal *Geschlecht* auch auf die vertikale Achse ziehen. Dazu entfernen wir zunächst wieder das Merkmal *Geschlecht*.

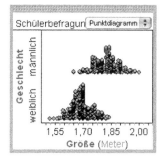

3. Markieren Sie die Graphik und wählen Sie aus dem Kontextmenü **Legenden-Merkmal entfernen: Geschlecht**.

4. Ziehen Sie nun das Merkmal *Geschlecht* auf die vertikale Achse.

In diesem Fall erhalten Sie eine andere Art der Splittung. Jede Kategorie ist in einem eigenen Punktdiagramm dargestellt. Welche Art der Splittung bei welchem Graphiktypen möglich ist, erkennen Sie an den schwarzen Markierungsrahmen, die erscheinen, wenn Sie ein Merkmal über die entsprechende Stelle der Graphik ziehen.

Auch in einem gesplitteten Diagramm lassen sich Werte einzeichnen. Haben Sie je ein Merkmal auf eine Achse gezogen, so werden die Werte für jede Kategorie einzeln eingezeichnet. Die Formel am unteren Fensterrand bezieht sich allerdings auf die gesamte Graphik. Möchten Sie sich in der Graphik aber auch die Werte für die beiden Gruppen anzeigen lassen, so können Sie folgende Formeln eingeben: `aMittel( ; Geschlecht = "männlich")`, bzw. `aMittel( ; Geschlecht = "weiblich")`. Das erste Argument *Größe* wurde ausgespart und automatisch durch ein Fragezeichen ersetzt. Sie können allerdings dort auch `Größe` eingeben (vgl. die zweite Graphik). Das zweite Argument besitzt eine Filterfunktion.

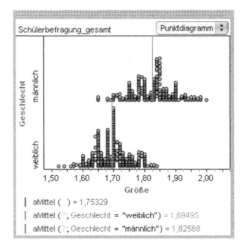

Haben Sie jedoch wie oben gezeigt, das Merkmal *Geschlecht* auf die Mitte der Graphik gezogen, so müssen Sie die Formeln per Hand filtern und für jede Kategorie einzeln eingeben, z. B.: `aMittel(Größe; Geschlecht = "männlich")`.

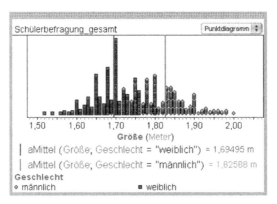

ANMERKUNG: Wenn Sie einen oder mehrere Fälle in einem Graphen markieren, werden diese automatisch überall markiert (in anderen Graphen, Kollektionen oder Tabellen, die ebenfalls mit der entsprechenden Kollektion verknüpft sind, vgl. Abschnitt 1.5.2).

Überschreiben und Hinzufügen

Sie können Merkmale in Graphen überschreiben oder hinzufügen. Um ein Merkmal mit einem anderen zu überschreiben, ziehen Sie einfach das neue Merkmal auf das alte, d. h. auf die ganze Achse.

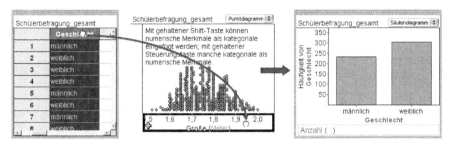

Möchten Sie ein Merkmal zu einem schon vorhandenen Merkmal auf dieselbe Achse hinzufügen, so müssen Sie ein Merkmal derselben Art (also kategorial oder numerisch) auf das Pluszeichen neben der entsprechenden Achse ziehen (vgl. folgende Abbildung). Dabei müssen Sie bei numerischen Merkmalen darauf achten, dass die Merkmalswerte mit keinen Einheiten oder alle Merkmalswerte mit denselben Einheiten versehen sind. Aus Darstellungstechnischen Gründen ist es sinnvoll, dass die Größenbereiche der Merkmalswerte ähnlich sind. Wenig sinnvoll wäre es beispielsweise die Merkmale *Größe* und *Gewicht* in eine Graphik zu ziehen. Im ersten Beispiel wurde einer Graphik mit dem Merkmal *FZ_Kneipe* das Merkmal *Geschlecht* hinzugefügt, im zweiten Beispiel wurde einer Graphik mit dem Merkmal *MoAufst* (dieses gibt die Uhrzeit des Aufstehens an einem Montag an) das Merkmal *FrAufst* hinzugefügt.

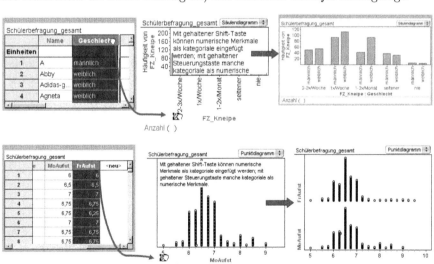

ANMERKUNG: Das Hinzufügen kategorialer Merkmale auf eine schon besetzte Achse ist nicht kommutativ, d. h. fügen Sie einer Graphik mit dem Merkmal *Geschlecht* das Merkmal *FZ_Kneipe* hinzu erhalten Sie eine andere Graphik. Das Hinzufügen von numerischen Merkmalen ist dagegen kommutativ.

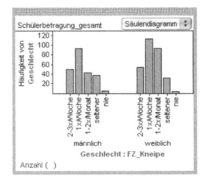

1.4.3 Einfache Auswertungstabellen

Mit Auswertungstabellen lässt sich ähnlich arbeiten wie mit Graphiken.

1. Ziehen Sie eine neue Auswertungstabelle aus der Symbolleiste in Ihren Arbeitsbereich.

2. Ziehen Sie nun aus der Datentabelle, dem Info-Fenster oder einem anderen Objekt ein Merkmal in eine Spalte, eine Zeile oder auf einen der beiden Pfeile.

Wenn Sie ein numerisches Merkmal z. B. *Größe* in die Auswertungstabelle ziehen, erhalten Sie das arithmetische Mittel dieses Merkmals. Wenn Sie dagegen ein kategoriales Merkmal z. B. *Geschlecht* in die Auswertungstabelle ziehen, erhalten Sie die absoluten Anzahlen für das Auftreten der einzelnen Kategorien.

Schülerbefragung_gesamt

	Größe
	1,7532863 m

S1 = aMittel ( )

Schülerbefragung_gesamt

	Geschlecht		Zeilen-zusammenfassung
	männlich	weiblich	
	233	304	537

S1 = Anzahl ( )

Möchten Sie im Vergleich zum arithmetischen Mittel nun beispielsweise den Median berechnen lassen, können Sie die Formel ersetzen oder eine Formel ergänzen.

3. Markieren Sie die Auswertungstabelle mit dem Merkmal *Größe* und wählen Sie aus dem Kontextmenü den Befehl **Formel hinzufügen**.

4. Geben Sie die Formel Median( ) ein.

Schülerbefragung_gesamt

	Größe
	1,7532863
	1,75

S1 = aMittel ( )
S2 = Median ( )

Es erscheint ein weiterer Wert, der Median der Merkmalswerte, in der Zelle und eine weitere Formel unterhalb der Auswertungstabelle.

Bei Auswertungstabellen mit numerischen Merkmalen lassen sich der Auswertungstabelle über die Befehle **Basisstatistiken hinzufügen** und **Fünf-Zahlenzusammenfassung hinzufügen** gleich mehrere Formeln hinzufügen.

> | Schülerbefragung gesamt | |
> |---|---|
> | | Größe |
> | | 1,7532863 m |
> | | 496 |
> | | 0,090358918 m |
> | | 0,0040572352 m |
> | | 41 |
> | S1 = aMittel ( ) | |
> | S2 = Anzahl ( ) | |
> | S3 = StdAbw ( ) | |
> | S4 = StdFehler ( ) | |
> | S5 = Anzahl (fehlend ( )) | |

5. Markieren Sie Auswertungstabelle mit dem eingefügten Merkmal *Größe* und wählen Sie im Kontextmenü den Befehl **Basisstatistiken hinzufügen**.

Sie können ein Merkmal durch ein anderes ersetzen, indem Sie einfach ein neues Merkmal auf das alte setzen.

1.4.4 Komposite Auswertungstabellen

Für weitere Auswertungen können Sie den Tabellen noch weitere Merkmale hinzufügen, aufgesplittete Auswertungstabellen oder Korrelationsmatrizen erstellen.

1. Ziehen Sie in eine weitere Spalte der Auswertungstabelle mit dem Merkmal *Größe* das Merkmal *Gewicht*, indem Sie das Merkmal auf den Pfeil platzieren.

Der Auswertungstabelle wurde eine neue Spalte mit dem arithmetischen Mittel des Merkmals *Gewicht* hinzugefügt. Sie können einer Zeile oder Spalte nur weitere Merkmale hinzufügen, wenn diese ebenso wie das vorhandene Merkmale numerisch oder kategorial sind.

Im Gegensatz zu den Graphiken lassen sich bei Auswertungstabellen weitere Merkmale nicht auf die Mitte platzieren sondern nur auf Zeilen oder Spalten. Um eine Auswertungstabelle zu splitten, müssen Sie mind. ein numerisches und ein kategoriales Merkmal auf je eine Zeile bzw. Spalte ziehen.

2. Ziehen Sie in die Zeile der eben erstellten Auswertungstabelle das Merkmal *Geschlecht*.

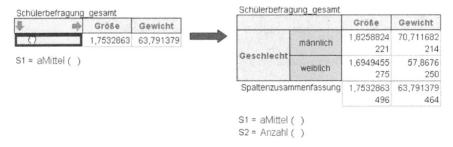

Sie erhalten pro Zelle nun zwei Werte. Der erste Wert stellt die arithmetischen Mittelwerte der Fälle dar, die den Kategorien der entsprechenden Merkmale angehören. Dieser erste Wert wird von der Formel *S1 = aMittel ( )* bestimmt, die man im unteren Rand des Fensters sehen kann. Die zweite Formel *S2 = Anzahl ( )* gibt die absoluten Anzahlen der Fälle innerhalb der entsprechenden Zellen an. Die Werte der zweiten Formel stehen in jeder Zelle an zweiter Stelle. Markieren Sie eine Formel, so werden die dazugehörigen Werte in der Tabelle ebenfalls markiert. In dieser Auswertungstabelle haben Sie nun eine Zusammenfassung der arithmetischen Mittel der Körpergröße und des Gewichts nach dem Geschlecht der Schüler.

Wie bei einfachen Auswertungstabellen können Sie auch hier weitere Formeln oder Merkmale hinzufügen.

Wenn Sie in die Spalten und Zeilen einer Auswertungstabelle jeweils numerische Merkmale einfügen, erhalten Sie eine Korrelationsmatrix.

6. Ziehen Sie auf die Spalte einer leeren Auswertungstabelle das Merkmal *Größe* und auf die Zeile und das Merkmal *Gewicht*.

Die Korrelationsmatrix können Sie mit weiteren numerischen Merkmalen oder Formeln ergänzen.

Schülerbefragung_gesamt	
	Größe
Gewicht	0,7552561
S1 = Korrelation ( )	

1.5 Filter und Verlinkung

1.5.1 Filter

Mit Filtern kann man die Betrachtung der Daten auf bestimmte Fälle beschränken. Man kann einen Filter entweder auf eine Kollektion anwenden, dann werden auch alle mit der Kollektion verknüpften Objekte gefiltert, oder nur auf ein bestimmtes Objekt. In diesem Fall bezieht sich der Filter nur auf dieses Objekt und alle anderen Objekte bleiben unberücksichtigt.

Kollektionen filtern

Angenommen wir möchten unsere weiteren Untersuchungen auf das Freizeit-verhalten von Schülerinnen beschränken. Dann ist es sinnvoll die Kollektion zu filtern, so dass nur noch die Mädchen in den Auswertungen berücksichtigt werden.

1. Markieren Sie die Kollektion und wäh-len Sie aus dem Kontextmenü **Filter hinzufügen**.

Es öffnet sich automatisch der Formeledi-tor, in den Sie die Filterbedingung einge-ben können.

2. Geben Sie `Geschlecht="weiblich"` ein und bestätigen Sie die Formel mit der Return-Taste.

Wenn wir jetzt das Kollektionsfenster vergrößern sind alle Schüler mit hell-grauer und alle Schülerinnen mit schwarzer Überschrift versehen.

3. Ziehen Sie das Kollektionssymbol an einer Ecke und vergrößern Sie es.

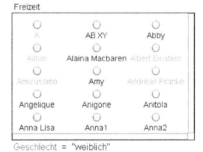

Betrachten wir kurz welche Auswirkungen der Filter auf Datentabellen und Graphi-ken hat.

4. Markieren Sie die Kollektion und zie-hen Sie aus der Symbolleiste eine Da-tentabelle in Ihren Arbeitsbereich.

5. Erstellen Sie auch eine neue Graphik und ziehen Sie das Merkmal *Größe* auf die horizontale Achse.

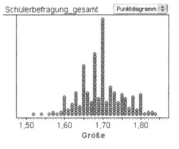

Wenn wir die Datentabelle mit der vergrößerten Kollektion vergleichen, stellen wir fest, dass nur die scharzen Namen, also die Schülerinnen, in der Datentabelle vertreten sind. Auch in der erstellten Graphik ist dies der Fall. Entfernen wir nun wieder den Filter.

6. Markieren Sie die Kollektion und wählen Sie aus dem Kontextmenü **Filter entfernen**.

Der Filter wird gelöscht und automatisch auch von der Datentabelle und Graphik entfernt. Die Darstellungen aktualisieren sich dynamisch.

Datentabellen und Graphiken filtern

Filter können auf Datentabellen und auf Graphiken gesetzt werden. Auswertungstabellen können dagegen über Filter und über Formeln gefiltert werden. Der Filter bezieht sich hier nur auf das jeweilige Objekt.

1. Markieren Sie die Datentabelle und wählen Sie aus dem Kontextmenü **Filter hinzufügen**.

Es öffnet sich automatisch der Formeleditor, in den Sie die Filterbedingung eingeben können. Diese kann sich auch aus mehreren Einzelbedingungen zusammensetzen, die mit *und* und *oder* kombiniert werden können.

2. Geben Sie (Geschlecht="weiblich")und(Größe≥1,7) ein.

Damit werden nur Schülerinnen mit einer Körpergröße größer als 1,7 Meter in der Datentabelle dargestellt. Ziehen Sie Merkmale aus dieser gefilterten Datentabelle in andere Objekte, so werden aber wieder alle Daten dargestellt, da sich der Filter nur auf die Tabelle bezieht.

Schülerbefragung_gesamt

	Name	Geschl...	Größe	Alter
1	Abby	weiblich	1,7	17
2	Adidas-g...	weiblich	1,7	17
3	Agneta	weiblich	1,8	17
4	Alaina M...	weiblich	1,8	17
5	Angelique	weiblich	1,72	17

(Geschlecht = "weiblich") und (Größe ≥ 1,7)

Um eine Graphik zu filtern verfährt man genauso wie bei Datentabellen.

Auswertungstabellen filtern

Auswertungstabellen können auf zwei Weisen gefiltert werden. Zum einen genauso wie Kollektionen, Graphen und Datentabellen über Menü **Objekt>Filter hinzufügen** und zum anderen über die direkte Eingabe des Filters in die Formel. Wird ein Filter auf die Auswertungstabelle gesetzt, so bezieht sich der Filter auf alle in der Tabelle verwendeten Daten und Formeln. Wird der Filter in die Formel integriert, so bezieht er sich nur auf diese. Wir werden hier nur die alternative Möglichkeit des Filterns über Formeln darstellen, da wir die andere schon an den anderen Objekten ausgeführt haben. Die hier verwendeten Filterbedingungen können aber genausogut in einen eigenen Filter eingefügt werden.

1. Ziehen Sie eine neue Auswertungstabelle aus der Symbolleiste in Ihren Arbeitsbereich und ziehen Sie anschließend das Merkmal *Größe* aus der Datentabelle in die Auswertungstabelle.

Schülerbefragung_gesamt	
Größe	1,7532863

S1 = aMittel ( )

Wir erhalten, da es sich um ein numerisches Merkmal handelt, das arithmetische Mittel der Körpergrößen, ca. 1,75 m. Wir werden nun die Formel editieren und einen zweiten optionalen Parameter als Filter nutzen.

2. Öffnen Sie mit einem Doppelklick auf die Formel *aMittel( )* den Formeleditor. Gehen Sie mit dem Cursor in die Klammern von *aMittel* und geben Sie ;Geschlecht =“weiblich“ ein. Bestätigen Sie die Formel mit **OK**.

Schülerbefragung_gesamt	
Größe	1,6949455

S1 = aMittel (?; Geschlecht = "weiblich")

Das Fragezeichen erscheint automatisch und ist ein Platzhalter für das in der Auswertung verwendete Merkmal *Größe*. Die Formel *aMittel* bezieht sich nun nur noch auf die Körpergrößen der Schülerinnen. Wir erhalten hier einen Wert von ca. 1,69 m.

Die Filterbedingung wird in diesem Fall nicht in eine seperate Filterformel eingegeben, sondern direkt in die Auswertungsformeln. Die Bedingungen an sich unterscheiden sich dagegen nicht. Es lassen sich ebenso verknüpfte Bedingungen eingeben und gleichzeitig in einer Auswertungstabelle Ergebnisse bez. gefilterten und ungefilterten Daten berechnen.

Über das Kontextmenü **Formel hinzufügen** lassen sich mehrere Formeln in der Auswertungstabelle verwenden. So können wir beispielsweise die gemittelten Körpergrößen bez. verschiedener Gruppen gut in einer Auswertungstabelle vergleichen.

Schülerbefragung_gesamt	
Größe	1,7532863
	1,6949455
	1,7365517

S1 = aMittel ( )
S2 = aMittel (?; Geschlecht = "weiblich")
S3 = aMittel (?; ((Geschlecht = "weiblich") und (Größe ≥ 1,7))

1.5.2 Selektion von Fällen

Eine Besonderheit von FATHOM ist die sich dynamisch aktualisierende interne Verlinkung von Objekten. Dies ließ sich schon an verschiedenen Stellen beobachten, z. B. beim Umsortieren von Kategorien auf der Achse einer Graphik, bei der Definition von neuen Merkmalen über eine Formel mit Einheiten oder bei Filtern auf einer Kollektion. Die Verlinkung von Objekten bietet eine weitere ganz einfache, aber effektive Möglichkeit Daten zu erforschen, indem man Fälle markiert. Fälle lassen sich in Kollektionen, Datentabellen, Graphiken und Auswertungstabellen markieren. Ist ein Fall in einem Objekt markiert, so ist er auch in allen verknüpften Objekten (außer der Auswertungstabelle) markiert.

Markieren wir zunächst einen Fall.

1. Legen Sie ein vergrößertes Kollektionsfenster, eine Datentabelle und ein Punktdiagramm des Merkmals *Größe* nebeneinander in Ihren Arbeitsbereich.

2. Klicken Sie in der Datentabelle auf einen Fall.

Dieser wird sofort auch in der vergrößerten Kollektion und im Punktdiagramm farblich herausgehoben, wenn dies im Schwarz-Weiß-Druck auch schlecht zu sehen ist. So können Sie z. B. sehen, wo ein bestimmter Fall, hier eine bestimmte Person, sich in der Graphik einordnet. Genauso gut können Sie in der Kollektion oder Graphik auf einen bestimmen Punkt klicken, z. B. den am weitesten rechts oder links liegenden. Dieser wird dann ebenfalls in den anderen beiden Objekten markiert. Sie müssen aber dann vermutlich in den Objekten scrollen, um den markierten Fall zu finden.

Mit einem Doppelklick auf einen Fall (in der Kollektion, der Datentabelle oder dem Graphen) wird auch die Karteikarte des entsprechenden Falls im Info-Fenster angezeigt, so dass man alle Daten des Falls genau betrachten kann.

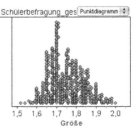

Es lassen sich auch mehrere Fälle auf einmal markieren. Möchten Sie gezielt einzelne bestimmte Fälle auswählen, müssen Sie die Strg-Taste gedrückt halten und die verschiedenen Fälle (egal wo) markieren.

3. Drücken Sie die Strg-Taste und markieren Sie drei Fälle im Kollektionsfenster. Beobachten Sie dabei, wo diese in der Graphik liegen.

Es lassen sich auf einfache Weise aber auch größere Gruppen von Fällen markieren.

4. Klicken Sie auf eine leere Fläche in der Graphik, um die markierten Fälle zu deselektieren. Ziehen Sie mit der Maus ein Rechteck über einem der Objekte auf. Alle Fälle, die innerhalb dieses Rechtecks liegen oder es berühren, werden markiert.

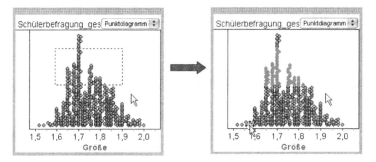

Wiederum werden diese Fälle auch in allen anderen Objekten markiert, die mit diesem Objekt über eine Kollektion verknüpft sind.

Möchte man nun gezielt eine bestimmte Gruppe von Fällen, z. B. alle Schülerinnen, in einem Objekt markieren, ist es sinnvoll eine Auswertungstabelle zu verwenden.

5. Deselektieren Sie durch einen Klick auf eine leere Fläche der Graphik alle markierten Fälle.

6. Ziehen Sie eine neue Auswertungstabelle aus der Symbolleiste in Ihren Arbeitsbereich. Setzen Sie nun das Merkmal *Geschlecht* auf einen Pfeil in der Auswertungstabelle.

7. Doppelklicken Sie nun auf die Zelle mit der Anzahl der Schülerinnen. (Sie müssen auf das Feld mit der Zahl und nicht auf das Feld mit der Kategorie klicken!)

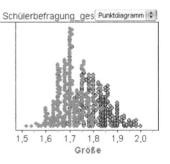

Schülerbefragung_gesamt

	Geschlecht		Zeilen-
	männlich	weiblich	zusammenfassung
	233	304	537

S1 = Anzahl ( )

In der Graphik (und in allen verknüpften Objekten) sind nun alle Schülerinnen markiert. Man kann deutlich erkennen, dass sie vor allem im linken Teil der Verteilung liegen, also im Allgemeinen kleiner sind als die Schüler.

Nun möchten wir die Körpergrößen aller 16jährigen in der Graphik betrachten.

8. Ziehen Sie das Merkmal *Alter* über das Merkmal *Geschlecht* in der Auswertungstabelle und drücken Sie vor dem Loslassen die Strg-Taste. Das Merkmal wird somit als kategoriales interpretiert.

9. Doppelklicken Sie nun auf die Anzahl aller 16jährigen.

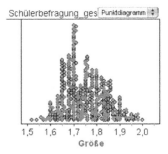

Schülerbefragung_gesamt

	Alter					Zeilen-
	16	17	18	19	20	zusammenfassung
	148	325	43	5	1	522

S1 = Anzahl ( )

Beachten Sie, dass Sie wieder auf die Zahl und nicht auf die Ausprägung des Merkmals klicken.

Hier kann nun keine eindeutige Tendenz der Verteilung der Körpergröße der 16jährigen festgestellt werden wie dies bei den Schülerinnen der Fall war. Die Größe der 16jährigen scheint über die gesamte Stichprobe relativ gleichverteilt zu sein.

Eine alternative Möglichkeit besteht darin eine gefilterte Auswertungstabelle mit der Körpergröße aller 16jährigen zu erstellen und die Zelle zu markieren.

10. Ziehen Sie das Merkmal *Alter* erneut in die Auswertungstabelle, allerdings ohne die Shift-Taste zu drücken. Wählen Sie aus dem Menü **Objekt>Filter hinzufügen** und geben Sie in den erscheinenden Formeleditor die Formel `Alter = 16` ein. Markieren Sie die Zelle, in der das berechnete arithmetische Mittel der Körpergrößen der 16jährigen steht.

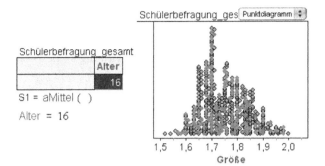

ANMERKUNG: Bei Auswertungstabellen beziehen sich Markierungen immer auf Zellen. Bei der Verwendung von Filtern werden nur gefilterte Auswertungstabellen, aber nicht gefilterte Formeln berücksichtigt. Deswegen ist es eigentlich nur sinnvoll Zellen von kategorialen oder kategorial behandelten Merkmalen bzw. gefilterte Auswertungstabellen zu markieren. Es werden über Auswertungstabellen also immer bestimmte Gruppen von Fällen markiert. Werden in einer Datentabelle oder Graphik einzelne Fälle oder Gruppen von Fällen markiert, die in der Auswertungstabelle nicht vollständig einer Zelle entsprechen, wird in der Auswertungstabelle nichts markiert.

1.5.3 Änderung von Daten

Daten lassen sich in der Kollektion, in Datentabellen und in Graphiken ändern. Möchte man Daten ändern, weil sie fehlerhaft sind, tut man dies am besten über die Datentabelle oder das Info-Fenster der Kollektion. Die Daten werden dann sofort in allen anderen verknüpften Objekten ebenfalls geändert. Eine andere Funktion kann das Ändern von Daten in Graphiken besitzen. Diese Funktion kann man z. B. nutzen, um die Auswirkungen von Daten insbesondere Ausreißern auf bestimmte Geraden zu beobachten.

Gehen wir wieder zu unserem Ausgangsdatensatz, der per Hand eingegebenen Schülerbefragung zurück. Wir möchten nun den Einfluss der Daten auf eine kQ-Gerade (kleinste-Quadrate-Gerade) untersuchen. Dazu erstellen wir zunächst ein Streudiagramm.

1. Erstellen Sie eine neue Graphik und ziehen Sie das Merkmal *Größe* auf die horizontale Achse und das Merkmal *Gewicht* auf die vertikale Achse.

2. Markieren Sie die Graphik und wählen Sie aus dem Kontextmenü **kQ-Gerade**.

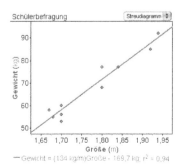

Es wird die kleinste-Quadrate-Gerade in das Diagramm eingezeichnet. Die Formel der Geraden erscheint unterhalb der Graphik.

3. Klicken Sie nun mit der Maus auf einen Datenpunkt und ziehen Sie ihn in der Graphik herum.

Dabei können Sie nun beobachten, welche Auswirkungen die Position des Datenpunktes auf die kQ-Gerade hat.

4. Zeichnen Sie zusätzlich zu der kQ-Geraden noch die Median-Median-Gerade ein, indem Sie aus dem Kontextmenü des Diagramms **Median-Median-Gerade** wählen.

5. Klicken Sie nun wiederum auf einen Datenpunkt und ziehen Sie ihn in der Graphik herum. (Sie können dabei auch den Graphikbereich verlassen, wenn Sie die Maustaste gedrückt halten, vgl. Abbildung.)

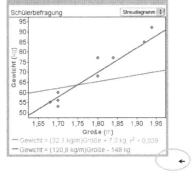

Wenn Sie den Datenpunkt in extreme Bereiche der Graphik (oder außerhalb der Grahpik) ziehen, ihn also sehr weit von den anderen Datenpunkten entfernen, so können Sie die bekannte Tatsache beobachten, dass der Ausreißer viel mehr Auswirkungen auf die kQ-Gerade als auf die Median-Median-Gerade hat.

Man kann die Wertänderungen in Graphiken auch unterbinden, um eine nicht beabsichtigte Änderung der Daten zu vermeiden.

6. Markieren Sie die Kollektion und wählen Sie im Menü **Kollektion>Verhindere Wertänderung im Graphen**.

Nun können keine Datenpunkte in einer mit der Kollektion verknüpften Graphik mehr verschoben werden. Wertänderungen im Info-Fenster der Kollektion und in einer Datentabelle sind aber weiterhin möglich.

2

Beschreibende Statistik – Verteilungen

Wir lernen in diesem Abschnitt, Daten mit FATHOM im Sinne der Beschreibenden Statistik auszuwerten. Als Beispieldatensatz wählen wir die Muffins-Daten, die sich auf der deutschen FATHOM-CD (muffins.ftm) befinden. Dort finden Sie auch den Fragebogen und eine kommentierte Variablenliste und Veröffentlichungen zu diesem Projekt im PDF-Format. Um die Überlegungen leichter nachvollziehbar zu machen, steht auch ein reduzierter Datensatz (*muffinsKap2.ftm*) zur Verfügung, in dem nur diejenigen Variablen enthalten sind, die in diesem Kapitel benutzt werden.

Der Name Muffins leitet sich aus dem Projekt „**M**edien- **u**nd **F**reizeitgestaltung **f**ür **in**teressanten **S**tochastikunterricht" ab. Rolf Biehler, Klaus Kombrink und Stefan Blumenthal (geb. Schweynoch) haben diese Daten gesammelt, um interessantes Datenmaterial für den Stochastikunterricht zur Verfügung zu haben, ursprünglich gedacht für den neuen gymnasialen Lehrplan in NRW ab 1999, in dem in Klasse 11 eine Einheit zur Beschreibenden Statistik vorgesehen ist. Es handelt sich um eine nicht-repräsentative Stichprobe von Schülerinnen und Schülern der Jahrgangsstufe 11, die Anfang 2000 erhoben wurde. Es wurden allerdings 9 Schulen aus verschiedenen Städten, meist NRW gewählt, zu denen persönliche Kontakte bestanden. Wenn Sie mit diesem Fragebogen weitere Daten an Ihrer Institution erheben wollen und mit unseren Daten kombinieren möchten, ist dies internetgestützt möglich. Schicken Sie einfach eine E-Mail an `fathom@mathematik.uni-kassel.de`.

Die folgende Datentabelle zeigt einen Ausschnitt der Muffins-Daten, die insgesamt mehr als 50 Merkmale umfassen. *FZ_ Knei(pe)* stellt die Ergebnisse zur Frage nach der Häufigkeit des Kneipenbesuchs dar, *FZ_ Rumh(ängen)* die Ergebnisse zur entsprechenden Frage.

Freizeit							
	Name_	Geschlecht	Alter	Größe	Gewicht	FZ_Knei	FZ_Rumh
1	A	männlich	17	1,88	70	2-3x/Woche	1x/Woche
2	AB XY	weiblich			nie	seltener	
3	Abby	weiblich	17	1,7	56	2-3x/Woche	täglich
4	Adidas-gilry	weiblich	17	1,7	51	1x/Woche	2-3x/Woche
5	Agneta	weiblich	17	1,8	75	1-2x/Monat	1x/Woche
6	Allton	männlich	16	1,9	80	1x/Woche	2-3x/Woche
7	Alaina Macbaren	weiblich	17	1,8	85	1x/Woche	täglich
8	Albert Einstein	männlich	17	1,85	73	1-2x/Monat	2-3x/Woche
9	Alice	weiblich	17	1,6	46	1-2x/Monat	2-3x/Woche
10	Ally	weiblich	17	1,65	53	1-2x/Monat	seltener

Sie lernen im Folgenden:

- Das Erstellen von Häufigkeitstabellen.
- Die Visualisierung von Häufigkeitsverteilungen.
- Verschiedene Diagramme zur Visualisierung von Verteilungen eines numerischen Merkmals.
- Numerische Auswertungen und Transformationen von Merkmalen.

2.1 Häufigkeitstabellen

2.1.1 Grundauszählung – Häufigkeitstabellen

Wir möchten bei einem statistischen Merkmal wissen, welche Ausprägungen in einer Kollektion vorkommen und mit welcher Häufigkeit dies der Fall ist. Eine tabellarische Darstellung der Häufigkeitsverteilung erhalten Sie, indem Sie das Merkmal aus der Datentabelle in eine Auswertungstabelle ziehen.

1. Ziehen Sie eine neue Auswertungstabelle aus der Symbolleiste in Ihren Arbeitsbereich oder wählen Sie **Objekt>Neu>Auswertungstabelle**.

2. Ziehen Sie das Merkmal *Geschlecht* in die leere Auswertungstabelle. Es entstehen die folgenden beiden Tabellen, je nachdem, ob Sie das Merkmal auf den nach unten oder den nach rechts zeigenden Pfeil haben fallen lassen. Bei vielen Kategorien ist es wegen der Lesbarkeit günstiger, die Kategorien vertikal anzuordnen.

Die Reihenfolge der Kategorien wird automatisch nach lexikographischer Ordnung vorgenommen. Die Zeilen- oder Spaltenzusammenfassung zeigt die Summe aller Häufigkeiten an. Diese ist hier 538 und stimmt mit dem Umfang der Kollektion überein.

3. Ziehen Sie jetzt das Merkmal *FZ_Knei* in eine leere Auswertungstabelle auf den nach rechts weisenden Pfeil. Die Schüler wurden nach der Häufigkeit gefragt, mit der sie in eine Kneipe gehen. Sie erhalten die folgende Graphik:

Freizeit							
	FZ_Knei						Zeilen-zusammenfassung
	nie	seltener	1x/Monat	1x/Woche	2-3x/Woche	täglich	
	10	69	135	205	103	12	534
S1 = Anzahl ( )							

Die Reihenfolge der Kategorien entspricht hier automatisch der Reihenfolge, die in der Kategorienliste (siehe Kapitel 1) für dieses Merkmal festgelegt wurde. Ohne Kategorienliste hätte die Tabelle gemäß lexikographischer Ordnung folgendermaßen ausgesehen. Jetzt werden die Häufigkeitsstufen aber nicht in einer sinnvollen Reihenfolge angegeben.

Kollektion 1							
	FZ_Knei						Zeilen-zusammenfassung
	1x/Monat	1x/Woche	2-3x/Woche	nie	seltener	täglich	
	135	205	103	10	69	12	534
S1 = Anzahl ( )							

Man beachte, dass sich hier in der Zeilenzusammenfassung nur 534 Fälle ergeben. Es gibt 4 befragte Schüler/innen, die keine Angaben zum Kneipenbesuch gemacht haben. Diese fehlen in der Übersicht. Es handelt sich um sogenannte „fehlende Werte".

4. Ziehen Sie eine neue Auswertungstabelle aus der Symbolleiste in Ihren Arbeitsbereich oder wählen Sie **Objekt>Neu>Auswertungstabelle**.

5. Ziehen Sie jetzt das Merkmal *Alter* auf den „Rechtspfeil" der Auswertungstabelle. Sie erhalten die folgende Graphik:

Freizeit	
	Alter
	16,823755
S1 = aMittel ( )	

FATHOM hat das Merkmal als numerisches Merkmal erkannt und berechnet in diesem Fall automatisch den arithmetischen Mittelwert. Sie können sich aber auch eine Häufigkeitsverteilung erstellen lassen.

6. Ziehen Sie noch einmal das Merkmal *Alter* in die bestehende Auswertungstabelle. Drücken Sie die Shift-Taste nachdem Sie es ausgewählt haben (noch nicht bei der Auswahl) und lassen Sie das Merkmal auf das Feld *Alter* fallen, so das damit die numerische Variable *Alter* überschrieben wird.

Das Merkmal wird als kategorial interpretiert und es wird eine Häufigkeitstabelle erzeugt. Wir sehen, es haben nur 522 Schüler ihr Alter angegeben.

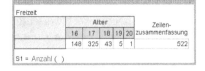

7. Ziehen Sie jetzt das Merkmal *Größe* in die obige Auswertungstabelle über das Feld *Alter*, wobei Sie beim Fallenlassen (noch nicht bei der Auswahl) die Shift-Taste gedrückt halten. Sie erhalten die folgende Tabelle:

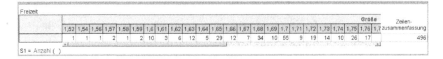

Alternativ hätten Sie eine leere Auswertungstabelle aus der Symbolleiste wählen können, in die Sie das Merkmal *Größe* gezogen hätten. Dieses Merkmal hat so viele verschiedene Ausprägungen, dass sie nicht alle auf einen Blick angezeigt werden können. Man kann in der Tabelle aber scrollen, um sich andere Werte anzeigen zu lassen. Diese umfangreiche Tabelle enthält viele Details. Zur besseren Übersicht wäre die Bildung von Klassen nützlich. Dies lernen wir später.

2.1.2 Tabellen mit relativen Häufigkeiten

Relative Häufigkeit ist definiert als (absolute) Häufigkeit dividiert durch die Gesamtanzahl der Fälle. Mit Gesamtzahl kann der Umfang der gesamten Kollektion oder nur die Anzahl der Fälle gemeint sein, zu denen eine Angabe zu der betreffenden Variable vorliegt.

1. Ziehen Sie zunächst das Merkmal *Alter* in eine leere Auswertungstabelle und lassen Sie es mit gedrückter Shift-Taste fallen. Sie erhalten die erste, weiter unten links stehende Auswertungstabelle.

2. Doppelklicken Sie anschließend in dem Fenster auf die Formel *Anzahl()*. Es erscheint der Formeleditor. Ändern Sie die Formel in `Anzahl()/Gesamtanzahl` und drücken Sie **OK**.

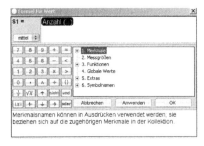

Sie erhalten eine Auswertungstabelle mit relativen Häufigkeiten (mittlere Tabelle unten). Anstatt durch Gesamtanzahl kann man auch durch 522 teilen (rechte Tabelle). Wenn man die Variable *Alter* durch Hineinziehen eines anderen kategorialen Merkmals überschreibt, welches eine andere Gesamtzahl von Fällen, z. B. 502 hat, so liefert nur die mittlere Tabelle sofort das richtige Ergebnis, während man in der rechten die Zahl 522 durch 502 ersetzen muss. Gesamtanzahl ist eine Variable, die abhängig vom Merkmal in der Datentabelle jeweils neu interpretiert wird.

Freizeit		
	16	148
	17	325
Alter	18	43
	19	5
	20	1
Spaltenzusammenfassung		522

S1 = Anzahl ( )

Freizeit		
	16	0,2835249
	17	0,62260536
Alter	18	0,082375479
	19	0,0095785441
	20	0,0019157088
Spaltenzusammenfassung		1

$$S1 = \frac{Anzahl\ (\ )}{Gesamtanzahl}$$

Freizeit		
	16	0,2835249
	17	0,62260536
Alter	18	0,082375479
	19	0,0095785441
	20	0,0019157088
Spaltenzusammenfassung		1

$$S1 = \frac{Anzahl\ (\ )}{522}$$

Die Summe aller relativen Häufigkeiten ergibt 1, denn die einzelnen Häufigkeiten wurden durch die Gesamtanzahl geteilt, die hier gleich 522 ist.

Um die vielen Nachkommastellen zu vermeiden, sollte man die Werte runden. Dazu verändert man wieder die Formel unter der Tabelle.

3. Doppelklicken Sie auf die Formel in der mittleren Tabelle. Es öffnet sich der Formeleditor. Gehen Sie im Listenfenster zu **Funktionen>Arithmetik>runde**. Markieren Sie die komplette Formel und doppelklicken Sie dann auf *runde*. Der markierte Bereich wird in die Formel *runde()* automatisch als Argument eingefügt.

Es erscheint dann die folgende Formel (die Sie auch hätten komplett neu eingeben können):

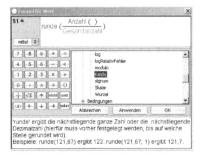

'runde' ergibt die nächstliegende ganze Zahl oder die nächstliegende Dezimalzahl (hierfür muss vorher festgelegt werden, bis auf welche Stelle gerundet wird).
Beispiele: runde(121,67) ergibt 122. runde(121,67; 1) ergibt 121,7.

Arithmetische Funktionen arbeiten direkt mit Zahlen. Man verwendet sie zum Beispiel, um zur nächsten ganzen Zahl zu runden oder den Logarithmus zu berechnen.

4. Ergänzen Sie die Formel um ;3, so dass auf drei Nachkommastellen gerundet wird. Im Resultat erhalten Sie die nebenstehende Auswertungstabelle.

Die Funktion *runde* hat die Struktur *runde(Ausdruck; n)*. Mit n werden die gewünschten Nachkommastellen angegeben.

Freizeit			
		16	0,284
		17	0,623
Alter		18	0,082
		19	0,01
		20	0,002
Spaltenzusammenfassung			1

$$S1 = runde\left(\frac{Anzahl\ (\ )}{Gesamtanzahl}; 3\right)$$

5. Wenn Sie Prozentangaben dargestellt haben möchten, multiplizieren Sie die Werte mit 100 und runden Sie auf eine Nachkommastelle.

Möchten Sie die relativen Häufigkeiten unter Berücksichtigung der fehlenden Werte tabellieren, so ersetzen Sie in allen obigen Formeln die Variable *Gesamtanzahl* durch die Zahl 538, die den Umfang der Kollektion bezeichnet.

Freizeit			
		16	28,4
		17	62,3
Alter		18	8,2
		19	1
		20	0,2
Spaltenzusammenfassung			100

$$S1 = runde\left(\frac{Anzahl\ (\ )}{Gesamtanzahl} 100, 1\right)$$

6. Doppelklicken Sie auf die Formel und ersetzen Sie *Gesamtanzahl* durch 538. Sie erhalten die nebenstehende Auswertungstabelle.

Die Prozentangaben haben sich verringert, da durch eine größere Zahl geteilt wurde. Sie können jetzt auch an der Spaltenzusammenfassung ablesen, dass 97% der Befragten eine Angabe zum Alter gemacht haben: die Summe der Prozentzahlen kann natürlich jetzt nicht mehr 100% sein.

Freizeit			
		16	27,5
		17	60,4
Alter		18	8
		19	0,9
		20	0,2
Spaltenzusammenfassung			97

$$S1 = runde\left(\frac{Anzahl\ (\ )}{538} 100; 1\right)$$

2.2 Visualisierungen von Verteilungen bei kategorialen Merkmalen

2.2.1 Basisgraphiken

Eine natürliche Visualisierung einer Häufigkeitstabelle ist ein Säulendiagramm.

1. Ziehen Sie eine neue Graphik aus der Symbolleiste in Ihren Arbeitsbereich oder wählen Sie **Objekt>Neu>Graph**.

2. Ziehen Sie das Merkmal *Alter* (beim Fallenlassen mit gedrückter Shift-Taste, damit es als kategorial interpretiert wird) auf die horizontale oder die vertikale Achse der leeren Graphik. Sie erhalten jeweils:

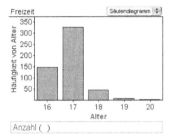 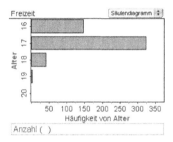

3. Doppelklicken Sie auf die Formel unter dem Säulendiagramm, dann erscheint der Formeleditor. Sie können jetzt dieselben Formeln wie bei den Häufigkeitstabellen benutzen, um relative Häufigkeiten als Dezimalzahlen oder Prozent anzugeben.

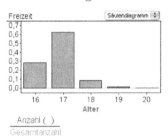 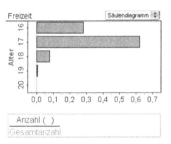

Zum Säulendiagramm gibt es eine Alternative für kategoriale Merkmale: das Banddiagramm.

4. Ändern Sie die Formel wieder zurück in *Anzahl()* und klicken Sie im Diagramm oben rechts auf die Bezeichnung **Säulendiagramm**. Es erscheint ein Pull-down-Menü mit der weiteren Option **Banddiagramm**. Wählen Sie diese Option aus.

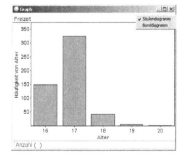

5. Verändern Sie das nun erscheinende Banddiagramm in eine längliche Form durch Ziehen an einer der Ecken, um es besser darzustellen.

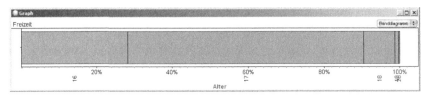

In dieser Darstellung sind die Anteile der jeweiligen Altersgruppen als Anteile eines Rechtecks dargestellt, das 100% repräsentiert.

In der Statistik in den Medien sind für die Darstellung solcher Daten auch Kreisdiagramme gebräuchlich. Diese bringen hierbei keine zusätzliche Einsicht, haben aber verschiedene Nachteile, die unter wissenschaftlichen Statistikern zu der Empfehlung geführt haben, Kreisdiagramme eher nicht zu benutzen. Für den Vergleich verschiedener Verteilungen (siehe Kap. 3) sind Kreisdiagramme ungeeignet, während Banddiagramme und Säulendiagramme hier gute Möglichkeiten bieten. Auch kann man Rechteckflächen visuell besser vergleichen als Kreissektoren, zumal die Skala beim Banddiagramm noch zusätzliche Anhaltspunkte bietet.

2.2.2 Änderung der Darstellungsreihenfolge bei kategorialen Merkmalen

Für kategoriale Merkmale, bei denen die Kategorien keine natürliche Reihenfolge haben, ist oft eine lexikographische Anordnung der Kategorien für eine Analyse wenig hilfreich. Besser ist beispielsweise eine Sortierung nach der Größe der Häufigkeit.

1. Ziehen Sie eine neue Auswertungstabelle aus der Symbolleiste in Ihren Arbeitsbereich oder wählen Sie **Objekt>Neu>Graphik**.

2. Ziehen Sie das Merkmal *Sportart_grob* auf die vertikale Achse dieser Graphik. Sie erhalten die linke unten stehende Graphik.

3. Duplizieren Sie diese Graphik mit Strg+D und verschieben Sie die duplizierte Graphik neben die Ausgangsgraphik.

4. Klicken Sie mit der rechten Maustaste in die duplizierte Graphik; damit öffnen Sie das Kontextmenü. Wählen Sie die Option **Säulen sortieren**. Sie erhalten die rechte unten stehende Graphik.

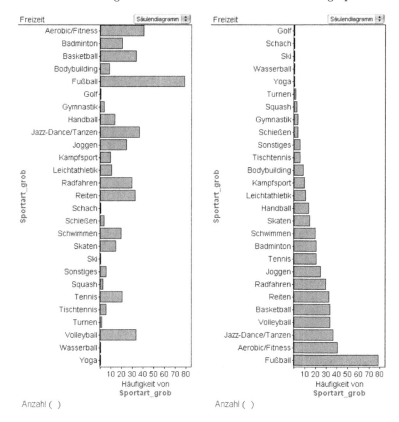

Die Schüler/innen waren nach Ihrer Lieblingsportart gefragt worden. Diese wurde anschließend in etwas vergröberte Kategorien zusammengefasst. In der geordneten Graphik kann man die Popularität verschiedener Sportarten viel besser erkennen als in der ungeordneten Graphik.

2.3 Visualisierungen von numerischen Merkmalen – Basisgraphiken

Wenn ein numerisches Merkmal in eine Graphik gezogen wird, erkennt FA-THOM, dass es sich um ein numerisches Merkmal handelt. Es werden automatisch die Graphiken angeboten, die für numerische Variablen verfügbar sind. In der Voreinstellung wird zunächst ein Punktdiagramm erstellt.

1. Ziehen Sie das Merkmal *Zeit_TV* auf die horizontale oder vertikale Achse. Es entsteht wahlweise ein horizontales oder vertikales Punktdiagramm.

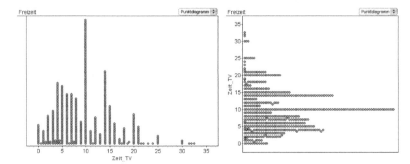

Mit *Zeit_TV* wurde die Zeit in Stunden pro Woche erfragt, mit der die Schüler/innen gezielt Fernsehen schauen. Jedem Schüler entspricht ein Punkt.

2. Klicken Sie doppelt auf den Punkt mit der längsten Fernsehzeit. Es öffnet sich ein Info-Fenster Graph von *Freizeit*, in dem gezeigt wird, dass es sich um die Schülerin Miranda handelt, deren Eigenschaften man sich jetzt genauer ansehen könnte.

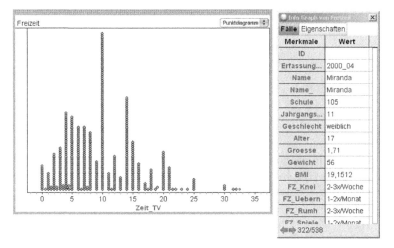

3. Klicken Sie oben rechts im Diagramm auf **Punktdiagramm** und Sie sehen alle anderen verfügbaren Optionen.

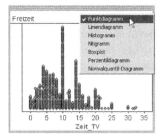

4. Wählen Sie **Histogramm**. Sie erhalten ein Histogramm.

Es wird von FATHOM automatisch eine äquidistante Klasseneinteilung gewählt; hier startet sie bei 0 und besitzt eine Intervallbreite von 2,5 Stunden.

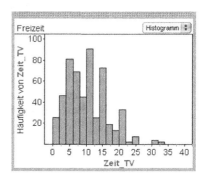

5. Bewegen Sie den Cursor über die Säulen bis er sich in einen Doppelpfeil wie im nächsten Bild ändert. Halten Sie den Cursor gedrückt und ziehen Sie ihn nach links und nach rechts. Beobachten Sie, wie sich die Klassenbreite ändert und sich die Klasseneinteilung verschiebt. Sie können beobachten, wie die Struktur des Histogramms von der gewählten Klasseneinteilung abhängt. Feinere Klasseneinteilungen zeigen oft eine feinere Struktur.

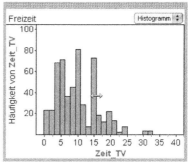

6. Doppelklicken Sie in einen freien Bereich der Graphik oder auf eine der Achsen, dann erscheint das Info-Fenster zu diesem Graphen.

Man sieht wie sich durch die interaktive Änderung der Klassenstartwert auf eine negative Dezimalzahl verstellt hat, die Klassenbreite ist 1,21277. Alle Zahlen im Info-Fenster der Graphik lassen sich überschreiben, wodurch man gezielt die Klasseneinteilung wählen kann, aber auch den Anfang und das Ende der x- und der y-Achse.

Eigenschaft	Wert
KlassenBreite	1,21277
KlassenStartwert	-0,553...
xAnfang	-2,5
xEnde	42,5
yAnfang	0
yEnde	105
xUmkehrSkala	falsch
yUmkehrSkala	falsch
xAutoNeuSkala	wahr
yAutoNeuSkala	wahr

7. Stellen Sie als Klassenbreite 1 und als Startwert 0 ein. Lassen Sie die anderen Parameter unverändert. Schließen Sie das Fenster. Sie erhalten ein Histogramm mit den gewünschten Eigenschaften.

8. Duplizieren Sie diese Graphik 2mal (Kontextmenü: **Graph duplizieren** oder bei ausgewählter Graphik im Menü **Objekt>Graph duplizieren** (Strg+D) wählen). Ordnen Sie die drei Graphiken nebeneinander an. Nun wählen Sie bei der zweiten Graphik aus dem Kontextmenü **Skala>relative Häufigkeit** aus, bei der dritten Graphik **Skala>relativer Prozentsatz**. Alternativ können Sie bei selektierter Graphik im Hauptmenü **Graph>Skala>relative Häufigkeit** bzw. **relativer Prozentsatz** wählen.

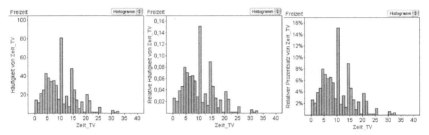

Sie haben nun drei Histogramme mit absoluter Häufigkeit, relativer Häufigkeit (Dezimal) und relative Häufigkeit (Prozent) erzeugt. Beachten Sie, dass der Wechsel zur relativen Häufigkeit hier anders funktioniert als bei kategorialen Variablen (vgl. Abschnitt 2.2.1)

ANMERKUNG: Die relative Häufigkeit im Histogramm wird übrigens unter Ausschluss der fehlenden Werte errechnet. Die Summe aller relativen Häufigkeiten im Histogramm ist 1.

Eine weitere Variante des Histogramms zeigt die relative Häufigkeitsdichte, die definiert ist als relative Häufigkeit dividiert durch die Intervallbreite.

9. Verändern Sie das mittlere Histogramm, indem Sie die Klassenbreite auf 2 setzen. Öffnen Sie dazu durch Doppelklick auf eine Achse das Info-Fenster der Graphik und nehmen Sie dort die Einstellung vor. Duplizieren Sie diese Graphik (Tastenkürzel: Strg+D), wählen Sie dann aus dem Kontextmenü **Skala>Dichte** und Sie erhalten die folgenden beiden Graphiken:

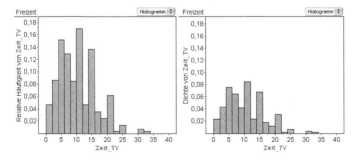

Im linken Fenster sind die relativen Häufigkeiten mit der Intervallbreite 2 dargestellt, im rechten Diagramm wurde die relative Häufigkeit durch die Intervallbreite 2 dividiert um zur relativen Häufigkeitsdichte zu gelangen. Histogramme mit Dichte benötigt man vor allem zum Vergleich mit Wahrscheinlichkeitsdichten.

10. Duplizieren Sie eines der Histogramme und wählen Sie dann aus dem Pulldown-Menü oben rechts im Diagramm jeweils die Optionen **Ntigramm**, **Boxplot**, **Perzentildiagramm** aus. Sie erhalten diese drei weiteren Graphiken für numerische Variablen.

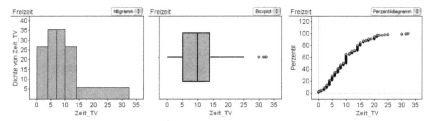

Das Ntigramm stellt bei einer nicht-äquidistanten Klasseneinteilung jeweils die Dichte der absoluten Häufigkeit dar. Die jeweilige Fläche ist der *absoluten* Häufigkeit in diesem Intervall proportional. Die Datenmenge wird in der Voreinstellung in 5 praktisch gleich umfangreiche Teilintervalle eingeteilt (hier jeweils mit 107 Fällen). Man kann die Anzahl dieser Intervalle ändern.

Der Boxplot gibt eine graphische Zusammenfassung der Daten. Die Box reicht vom ersten Quartil Q_1 bis zum dritten Quartil Q_3. In der Box ist der Median markiert. Die „Antennen" reichen bis zu den Extremwerten der Verteilung. Liegen einzelne Daten weiter als die sog. Zäune entfernt, werden sie als eigene Punkte markiert. Die Zäune sind definiert als

$$Z_u := Q_1 - 1{,}5 \cdot (Q_3 - Q_1); \quad Z_o := Q_3 + 1{,}5 \cdot (Q_3 - Q_1).$$

Das Perzentildiagramm stellt folgende Daten dar. X sei eine numerische Variable mit Werten $x_1, x_2, \ldots, x_n$. Die der Größe nach geordneten Werte bezeichnen wir mit $x_{(1)} \leq x_{(2)} \leq \ldots \leq x_{(n)}$. Im Perzentilplot werden folgende Punktepaare eingetragen:

$$(x_{(i)}, f_i) \text{ mit } f_i = \frac{i - \frac{1}{2}}{n}.$$

Wir erläutern dies an einem Beispiel.

11. Zoomen Sie in dem ganz rechten Perzentil-
    diagramm unter 10. die Punkte heraus, die
    sich oberhalb von 14 befinden. Machen Sie
    dies, indem Sie die Strg-Taste drücken, wäh-
    rend sich der Cursor über der Graphik befin-
    det. Der Cursor nimmt die Form einer Lu-
    pe mit Pluszeichen an. Sie können jetzt bei
    gedrückter Maustaste einen rechteckigen Be-
    reich markieren, in den dann hineingezoomt
    wird, wenn Sie die Maustaste loslassen. Evt.
    müssen Sie diese Operationen wiederholen,
    bis sich das nebenstehende Bild ergibt.

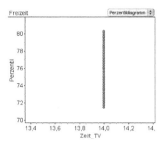

ANMERKUNG: Sie können Herauszoomen, indem Sie Shift+Strg drücken.
Dann wandelt sich der Cursor in eine Lupe um, die ein Minuszeichen zeigt.

Um das Aussehen der gezoomten Graphik näher erläutern zu können, ist es
zweckmäßig auszurechnen, wie viele Personen weniger und wie viele genau 14
Std. fernsehen.

12. Ziehen Sie eine neue Auswertungstabelle aus der Symbolleiste in Ihren
    Arbeitsbereich oder wählen Sie **Objekt>Neu>Auswertungstabelle**.
    Ziehen Sie das Merkmal *Zeit_TV* auf den nach rechts zeigenden Pfeil.
    Doppelklicken Sie auf die automatisch erschienene Formel *aMittel()* und
    ersetzen Sie diese durch die Formel `Anzahl(<14)`. Es erscheint automa-
    tisch ein „?" vor dem <-Zeichen.

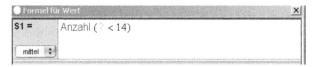

13. Wählen Sie dann im Kontextmenü für
    die Auswertungstabelle **Formel hinzufügen**
    und geben Sie die Formel `Anzahl( =14)` ein
    (es erscheint wieder ein ? für die Leerstelle).
    Fügen Sie auf dieselbe Art noch die Formel
    Anzahl() hinzu. Sie erhalten dann die neben-
    stehende Auswertungstabelle.

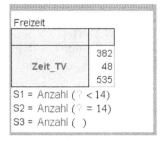

An die Leerstellen, die als Fragezeichen oder als echte Leerstelle dargestellt
werden, wird automatisch die aktuelle Variable eingesetzt, hier *Zeit_TV*. Die
Funktion *Anzahl()* zählt die Fälle (Details siehe Kapitel 2.5).

Es gibt also 382 von 535 Personen, die weniger als 14 Std. pro Woche fernsehen. Es gibt genau 48 Personen, die 14 Std. pro Woche fernsehen (vermutlich wurde der Schätzwert aus 2 Std./Tag gewonnen). Insgesamt haben 535 Personen Angaben zur Fernsehzeit gemacht.

Diese 48 Personen sind in der Graphik unter 11. durch einen Punkt repräsentiert. Es gilt

$$(x_{(i)}, f_i) \text{ mit } f_i = \frac{i - \frac{1}{2}}{n},$$

d. h. der erste Punkt liegt bei

$$(x_{(383)}, f_{383}) \text{ mit } f_{383} = \frac{383 - \frac{1}{2}}{535} = 0{,}71495.$$

Der letzte Schüler, der 14 Std. fernsieht, liegt an der Stelle $382 + 48 = 430$ und entspricht $x_{(430)}$. Also liegt der Punkt bei

$$(x_{(430)}, f_{430}) \text{ mit } f_{430} = \frac{430 - \frac{1}{2}}{535} = 0{,}80280.$$

Die relative Häufigkeit dafür, dass die befragten Schüler/innen bis einschließlich 14 Std. fernsehen ist gleich

$$\frac{430}{535} = f_{430} + \frac{\frac{1}{2}}{535} = 0{,}80280 + \frac{1}{1070} = 0{,}80373.$$

Wir können also am jeweils oberen Punkt mit einer kleinen Korrektur, die graphisch i.d.R. irrelevant ist, die relative Häufigkeit ablesen, die bis zu dem auf der x-Achse liegenden Wert (hier 14) erreicht ist.

Das Perzentildiagramm stellt also im Wesentlichen die sog. kumulativen relativen Häufigkeiten dar, dabei ist jeder Fall als ein eigener Punkt dargestellt. Bei steilem Verlauf liegen die Punkte dichter als bei flachem Verlauf. Ferner kann man an vertikal liegenden Punktemengen z. B. über 14 erkennen, wie viel Prozent der Daten oder wie viele Daten diesen Wert annehmen. Visuell kann man im Perzentildiagramm zu *Zeit_TV* sehen, dass ungefähr 15% der Personen 14 Std. angegeben haben.

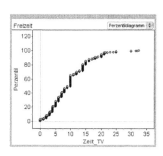

Es ist noch das Normalquantil-Diagramm verfügbar, mit dem man Abweichungen von der Normalverteilung diagnostizieren kann. Dieses Diagramm lernen Sie später genauer kennen (siehe Kapitel 6).

2.4 Modifikation von Graphiken

Alle FATHOM-Graphiken sind hochgradig interaktiv. Am Beispiel der Graphiken für Verteilungsdarstellungen für numerische Merkmale erläutern wir die Grundoperationen.

2.4.1 Allgemeine Operationen

Zoomen

Das Zoomen wurde soeben am Beispiel des Perzentildiagramms beschrieben.

Selektieren

In Abschnitt 1.5.2 haben Sie erfahren, dass alle Graphiken dynamisch miteinander verknüpft sind. Die Teilmenge von Fällen, die in einem Diagramm selektiert ist und rot erscheint, wird auch in jedem anderen Diagramm rot hervorgehoben. Man kann dies nutzen, um zu sehen, wo dieselben Fälle in verschiedenen Graphiken dargestellt werden.

1. Erzeugen Sie ein Punktdiagramm des Merkmals *Zeit_Comp*, duplizieren Sie diese Graphik und wandeln Sie diese in ein Histogramm bzw. ein Perzentildiagramm um. Dann markieren Sie im Histogramm die Säule bei 0 (die alle Werte zwischen 0 bis unter 2 enthält).

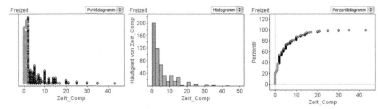

Diese Punkte färben sich auch in den beiden anderen Darstellungen rot ein (in der nicht sichtbaren Datentabelle erscheinen Sie schwarz hervorgehoben). Man kann auch bei gedrückter Shift-Taste nacheinander mehrere Säulen im Histogramm auswählen. Die Auswahl in allen Graphiken kann auch durch einen rechteckig aufzuziehenden Bereich erfolgen.

Wir stellen fest, dass die am Computer in Std. pro Woche verbrachte Zeit sehr schief verteilt ist: Viele machen sehr wenig am Rechner, wenige sehr viel. Es handelt sich um Daten aus dem Jahr 2000, neuere Daten sind zu höheren Werten hin verschoben.

Dient hier das Selektieren dazu, um verschiedene Graphikformate miteinander in Beziehung zu setzen, so kann man diese Option auch zur Datenanalyse nutzen.

2. Löschen Sie die Graphik mit dem Perzentildiagramm oben rechts. Ziehen Sie die Variable *Geschlecht* auf die horizontale Achse des Punktdiagramms, so dass die Variable *Geschlecht* die Variable *Zeit_Comp* ersetzt. FATHOM erkennt *Geschlecht* als kategoriales Merkmal und erstellt ein Säulendiagramm. Klicken Sie auf die Säule *weiblich*. Hierdurch werden alle Schülerinnen ausgewählt. Im folgenden Histogramm werden die Teilsäulen eingefärbt, die weibliche Personen repräsentieren.

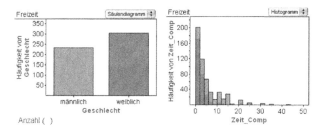

Man erkennt, dass die jungen Frauen bei den Wenig-Nutzern deutlich überrepräsentiert sind, bei den Viel-Nutzern unterrepräsentiert. Ein genauerer Vergleich erfordert getrennte Graphen mit relativen Häufigkeiten (siehe Kapitel 3).

Identifizieren

Durch Doppelklick auf einen Punkt öffnet sich die zugehörige Karteikarte (siehe auch Abschnitt 2.2). Im Histogramm wird bei Überstreichen einer Säule mit dem Cursor in der Informationsleiste im Fenster angezeigt, wie viele Fälle in dieser Säule vorhanden sind.

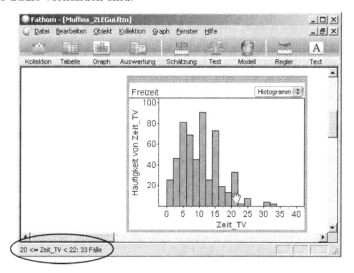

Info-Fenster

Durch Doppelklick auf eine Graphik öffnet sich das Info-Fenster der Graphik. Hier können Sie verschiedene Einstellungen vornehmen, z. B. wie weit die Achsen reichen und ob eine automatische Neuskalierung erfolgen soll.

Einzeichnen von Werten

In die Graphik können Linien parallel zur vertikalen Achse eingezeichnet werden, deren Lage man mit einer Formel definieren kann. Ziehen Sie die Variable *Zeit_Comp* in eine leere Graphik. Wählen Sie im Kontextmenü **Wert einzeichnen**. Der Formeleditor öffnet sich. Wählen Sie in der Kommandoliste **Funktionen>Statistik>Ein Merkmal>aMittel** aus und doppelklicken Sie auf diese Funktion. Sie erscheint im Formelfeld als *aMittel()*. Klicken Sie jetzt auf **OK**. In das Histogramm wird das arithmetische Mittel des Merkmals *Zeit_Comp* eingezeichnet. Wenn Sie die Klammern leer lassen, wird immer das Merkmal genommen, was gerade in der Graphik dargestellt wird. Wählen Sie nun erneut aus dem Kontextmenü **Wert einzeichnen** und zeichnen Sie auf dieselbe Art und Weise den Median ein.

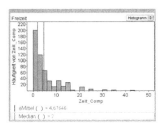

Wir sehen, dass die Verteilung der wöchentlichen Arbeitszeit am Computer extrem schief ist und allerlei „Ausreißer" enthält, die sehr lange am Computer arbeiten. Bei rechtsschiefen Verteilungen wie dieser ist es typisch, dass das arithmetische Mittel größer als der Median ist.

2.4.2 Einzeichnen von Kurven

In Diagramme, die mit einem numerischen kartesischen Koordinatensystem strukturiert sind, kann man Funktionsgraphen einzeichnen, indem man aus dem Kontextmenü die Option **Funktion einzeichnen** wählt. Es öffnet sich der Formeleditor und man kann einen Funktionsterm eingeben.

Unter den Diagrammen für ein numerisches Merkmal erlauben das Histogramm und das Perzentildiagramm das Einzeichnen von Funktionen. Statistisch hat das den Sinn, bei den Daten graphisch zu prüfen, ob ein bestimmtes „Verteilungsgesetz" annähernd erfüllt ist.

Manchmal sind Merkmale glockenförmig verteilt und man möchte prüfen, ob ein Verteilungsgesetz vorliegt, z. B. die sogenannte Normalverteilung. Im Muffins-Datensatz ist das zum Beispiel beim Merkmal *Nettozeit* der Fall. Dies ist die Zeit, die einem Schüler (einer Schülerin) zur Verfügung steht, nachdem von der wöchentlichen Zeit von 168 Stunden die Schlafzeit, die Zeit in der Schule inkl. der Wegezeit dort hin und zurück und eine Pauschalzeit für Körperpflege und Mahlzeiten abgezogen wurde. Eine Normalverteilungskurve ist durch die Funktion

$$f(x) = \frac{1}{s\sqrt{2\pi}} e^{-\frac{1}{2}\left(\frac{x-m}{s}\right)^2}$$

gegeben. Dabei steht m für das arithmetische Mittel und s für die Standardabweichung (vgl. Kapitel 7).

1. Ziehen Sie aus der Symbolleiste eine leere Auswertungstabelle in Ihren Arbeitsbereich. Ziehen Sie das Merkmal Nettozeit auf den „Runter-Pfeil" in die Auswertungstabelle. Es wird automatisch das arithmetische Mittel berechnet. Wählen Sie aus dem Kontextmenü der Auswertungstabelle **Formel hinzufügen**. Wählen Sie aus der Liste des erscheinenden Formeleditors **Funktionen>Statistik>Ein Merkmal>PopStdAbw** und übertragen Sie diese Formel durch Doppelklick in das Formelfenster. Hierdurch wird die Standardabweichung der Daten ermittelt. Nach dem Schließen sieht Ihre Auswertungstabelle wie rechts angegeben aus.

2. Ziehen Sie nun die Variable *Nettozeit* in eine leere Graphik. Wandeln Sie das Punktdiagramm in ein Histogramm um, und wählen Sie im Kontextmenü die Option **Skala>Dichte**. Nun ist die Graphik vorbereitet, um mit der Dichtefunktion der Normalverteilung verglichen zu werden.

3. Wählen Sie aus dem Kontextmenü der Graphik **Funktion einzeichnen**. Es öffnet sich der Formeleditor. Wählen Sie aus der Liste **Funktionen>Verteilungen>Normal>normalDichte** aus und übertragen Sie durch Doppelklick die Formel in das Formelfenster. Es erscheint die Formel *normalDichte()*. Geben Sie in der Klammer ein Semikolon ein. Der Formeleditor zeigt dann folgendes Bild.

Es erscheint ein Fragezeichen, in welches dann das betreffende Merkmal eingesetzt werden kann.

4. Sie müssen nun hinter das Semikolon noch die
Werte von m und s (siehe Infotext im For-
meleditor) eingeben, und zwar in der Form
`normalDichte(?; 55,6; 5,697)`. Schließen
Sie das Fenster mit der Return-Taste. Sie er-
halten die nebenstehende Graphik.

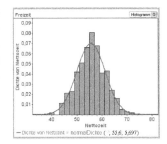

Die Normalverteilung scheint gut zu passen!

Man kann die Formel nun so ändern, dass automatisch der Mittelwert und die
Standardabweichung des aktuellen Merkmals eingezeichnet werden.

5. Doppelklicken Sie auf die Formel in obigem
Histogramm. Ändern Sie nun die Formel für
die Funktion so, dass die Zahlenwerte für die
Parameter m und s durch `aMittel()` bzw.
`PopStdAbw()` ersetzt werden. In die Klammern wird dann intern bei der Evaluation
der Name der aktuellen Variable eingesetzt.
Drücken Sie auf **OK**. Sie erhalten dann die
nebenstehende Graphik.

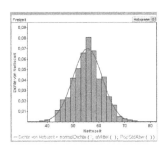

Diese Graphik hat den Vorteil, dass das aktuelle Merkmal *Nettozeit* automatisch an alle Stellen der Formel gesetzt wird.

Sie können nun das Merkmal *Nettozeit* durch andere Merkmale überschreiben.
Jedes Mal wird automatisch die zugehörige Normalverteilung eingezeichnet.

6. Ziehen Sie die Variable *Gewicht* über die
   Variable *Nettozeit*, um sie zu überschreiben. Sie erhalten die folgende Graphik, in
   der die Normalverteilung mit dem arithmetischen Mittel des Körpergewichts und
   der Standardabweichung des Körpergewichts automatisch eingezeichnet wurde.

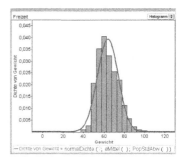

Die Normalverteilung passt einigermaßen, aber nicht so gut. Die Daten sind
rechtsschief verteilt. Solch eine graphische Diagnose kann mit Methoden der
beurteilenden Statistik noch verfeinert werden. Wir vermuten, dass eine Aufteilung der Personen nach Geschlecht homogenere Teilgruppen erzeugt, in
denen die Daten jeweils normalverteilt sein könnten.

7. Ziehen Sie das Merkmal *Geschlecht* auf die vertikale Achse. Die Daten
   splitten sich automatisch in die Teilgruppe der Männer und die der Frauen
   (für weitere Details vgl. Kapitel 2). Die Normalverteilung wird automatisch für die beiden Teilgruppen mit ihren unterschiedlichen Mittelwerten
   und Standardabweichungen berechnet und die Kurve wird angepasst. Sie
   erhalten:

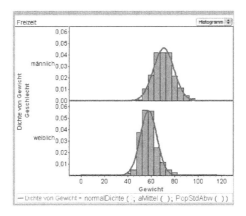

Wir stellen fest, dass die Verteilung des Gewichtes in beiden Teilgruppen gut
durch eine Normalverteilung angenähert werden kann.

Es empfiehlt sich, die Kennzahlen der Verteilung in einer Auswertungstabelle
anzeigen zu lassen.

8. Ziehen Sie aus der Symbolleiste eine leere Auswertungstabelle in Ihren Arbeitsbereich. Ziehen Sie das Merkmal *Gewicht* auf den nach unten zeigenden Pfeil und das Merkmal *Geschlecht* auf den nach rechts
   zeigenden Pfeil. Wählen Sie im Kontextmenü der Auswertungstabelle

Formel hinzufügen. Wählen Sie im Formeleditor in der Liste **Funktionen>Statistik>Ein Merkmal>PopStdAbw** und fügen Sie durch Doppelklick diese Funktion in das Formelfenster ein. Sie erhalten die folgende Tabelle:

Freizeit

	Geschlecht		Zeilen-zusammenfassung
	männlich	weiblich	
Gewicht	70,711682	57,8676	63,791379
	214	250	464
	8,6501204	7,0746103	10,122777

S1 = aMittel ( )
S2 = Anzahl ( )
S3 = PopStdAbw ( )

Bei den Schülern beobachten wir einen Mittelwert von 70,7 kg, bei den Schülerinnen einen Mittelwert von 57,9 kg für das Körpergewicht. Die Schülerinnen sind also im Durchschnitt 12,8 kg leichter als ihre männlichen Mitschüler. Die Gruppe der Schüler ist inhomogener, das Gewicht streut stärker, nämlich mit einer Standardabweichung von 8,65 kg während sie bei den Schülerinnen nur 7,07 kg beträgt.

Wir interessieren uns für die relativen Streuungen, um zu beurteilen, ob die Streuung vielleicht proportional zum Mittelwert zugenommen hat.

9. Fügen Sie bitte die Formel *aMittel()/PopStdAbw()* zur Auswertungstabelle hinzu. Sie erhalten die folgende Tabelle:

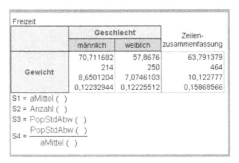

Freizeit

	Geschlecht		Zeilen-zusammenfassung
	männlich	weiblich	
Gewicht	70,711682	57,8676	63,791379
	214	250	464
	8,6501204	7,0746103	10,122777
	0,12232944	0,12225512	0,15868566

S1 = aMittel ( )
S2 = Anzahl ( )
S3 = PopStdAbw ( )
S4 = $\dfrac{\text{PopStdAbw ( )}}{\text{aMittel ( )}}$

Die relativen Streuungen sind in beiden Gruppen praktisch identisch. Wir beobachten ein Phänomen, das öfter auftritt, dass sich nämlich die Streuung proportional zum Mittelwert verhält.

2.5 Häufigkeitsberechnungen – Auszählen von Teilmengen

2.5.1 Anzahl der Elemente einer Teilmenge

In der Statistik ist man häufig nicht an der kompletten Häufigkeitstabelle interessiert, sondern an Häufigkeiten für einzelne Teilmengen: Wie viel Prozent der Befragten sind älter als 17 Jahre, wie viele Personen sind genau 17 Jahre? Wie viel Schülerinnen gehen mehr als einmal die Woche in die Kneipe? Wie viel Prozent der Schülerinnen machen mehr Hausaufgaben als der Durchschnitt?

Im Grunde geht es darum, eine Teilmenge mithilfe von einem oder mehreren Merkmalen zu definieren und dann die Anzahl der Elemente dieser Teilmenge zu bestimmen.

1. Schließen Sie alle Fenster und Tabellen bis auf das Icon der Kollektion zu den Muffins-Daten, welches mit *Freizeit* benannt ist. Ziehen Sie eine Auswertungstabelle von der Symbolleiste in Ihren Arbeitsbereich. Klicken Sie nun in dem Kollektionsicon auf den Namen(!) der Kollektion und ziehen Sie diesen Namen (nicht das ganze Icon) auf den Runter-Pfeil in der Auswertungstabelle. Es erscheint die nebenstehende Auswertungstabelle.

Diese Tabelle ist nun mit der Kollektion verknüpft. Das sieht man auch daran, dass beim Formeleinfügen alle Merkmale der Kollektion *Freizeit* in der Funktionenliste auftauchen und ausgewählt werden können. (Theoretisch könnte es in der Datei muffins.ftm auch mehrere Kollektionen geben mit unterschiedlichen Namen, die man dann wahlweise mit einer Auswertungstabelle verknüpfen könnte.)

2. Wählen Sie aus dem Kontextmenü **Formel hinzufügen** und fügen Sie nacheinander mehrere Formeln ein, so dass Sie die nebenstehende Auswertungstabelle erhalten.

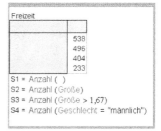

Die Formel *Anzahl(Variablenname)* liefert die Anzahl der nicht-fehlenden Werte. Die Formel *Anzahl(Bedingung)* zählt die Teilmenge aus, die durch diese Bedingung festgelegt wird.

Bei der Syntax ist zu beachten, dass bei kategorialen Variablen die Kategorien in doppelte Hochkommata zu setzen sind. Bei numerischen Variablen kann man die üblichen Vergleichszeichen benutzen. Das $\leq$-Zeichen erhält man über das Tastenfeld des Formeleditors, indem man die Strg-Taste gedrückt hält.

Beachten Sie, dass in die Leerstelle immer die gesamte Kollektion eingesetzt wird. Merkmalsnamen müssen in Auswertungsformeln also explizit eingegeben werden.

3. Ändern Sie die Formeln in der obigen Datentabelle, so dass Sie die folgende Tabelle erhalten.

Die Anzahl der fehlenden Werte und die der nicht-fehlenden Werte eines Merkmals summieren sich natürlich zum Umfang der Kollektion, hier 538.

Freizeit

	538
	42
	496

S1 = Anzahl ( )
S2 = Anzahl (fehlend (Größe))
S3 = Anzahl (Größe)

Komplexe Bedingungen können wir durch Nutzung der logischen Verknüpfungen *UND*, *ODER*, *NICHT* formulieren und sie dann auszählen lassen. Wir interessieren uns für die Anzahl „kleiner Männer" (*Größe* $< 1{,}70\,\mathrm{m}$) und die Anzahl großer Frauen (*Größe* $> 1{,}80\,\mathrm{m}$).

4. Verknüpfen Sie eine neue Auswertungstabelle mit der Kollektion *Freizeit* oder überschreiben Sie die Formeln in einer vorhandenen Auswertungstabelle. Geben Sie zunächst den ersten Teil der Bedingung ein und wählen Sie dann aus dem Tastenfeld des Formeleditors *UND*: Die erste Bedingung wird dabei automatisch in Klammern gesetzt. Beim Weiterschreiben wird dann auch die zweite Bedingung automatisch eingeklammert. Sie erhalten dann die folgende Tabelle:

Freizeit

	6
	6

S1 = Anzahl ((Geschlecht = "männlich") und (Größe < 1,70))
S2 = Anzahl ((Geschlecht = "weiblich") und (Größe > 1,80))

Zufällig gibt es genauso viele große Frauen wie kleine Männer in unserer Stichprobe.

Bei der Verneinung *NICHT* einer Bedingung, z. B. *NICHT (Größe > 1,80)*, mussten die Fathom-Programmierer sich zwischen zwei Möglichkeiten für die Bedeutung dieser Teilmenge entscheiden:

- Alle aus der Kollektion, die nicht *Größe* > 1,80 angegeben haben. Das sind die, die eine *Größe* ≤ 1,80 angegeben haben oder die sich nicht geäußert haben.
- Alle aus der Kollektion, die eine Größe ≤ 1,80 angegeben haben.

Die Programmierer haben sich für die zweite Option entschieden. Die gesamte Kollektion kann also immer in drei Typen von Teilmengen zerlegt werden:

5. Geben Sie die unten stehenden Formeln in eine leere Auswertungstabelle ein, die Sie zuvor mit der Kollektion verknüpft haben.

Man beachte, dass durch die Existenz fehlender Werte die Komplementärmenge zu {Größe > 1,80} i. A. nicht gleich der Menge {Größe ≤ 1,80} ist.

Freizeit	
	538
	42
	139
	357
S1 = Anzahl ( )	
S2 = Anzahl (fehlend (Größe))	
S3 = Anzahl (Größe > 1,80)	
S4 = Anzahl (Größe ≤ 1,80)	

2.5.2 Anteile von Teilmengen in einer Kollektion – relative Häufigkeiten

Eine nahe liegende Frage, die sich anschließt ist, wie viel Prozent, bzw. welcher Anteil der Befragten eine Körpergröße > 1,80 m hat.

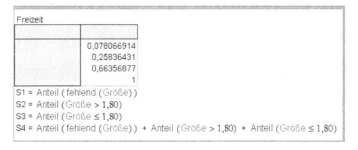

1. Reproduzieren Sie die oben stehende Auswertungstabelle.

Sie sehen, dass die gewünschten Rechnungen durch das Kommando *Anteil()* durchgeführt werden können. Man beachte auch, dass man verschiedene Formeln, die Zahlenwerte liefern, addieren kann. Die letzte Zeile ist gleichsam eine Kontrolle, dass das *Anteil*-Kommando richtig gerechnet hat.

Die Formel *Anteil(Größe > 1,80)* ist äquivalent zu den folgenden Kommandos: *Anzahl(Größe > 1,80)/538*, *Anzahl(Größe > 1,80)/Anzahl(Index)*, denn *Anzahl(Index)* zählt alle Fälle in einer Kollektion. Ferner kann man Anzahl *(Größe > 1,80)/Anzahl()* benutzen, da in dieser Auswertungstabelle in die Leerstelle die gesamte Kollektion eingesetzt wird.

ANMERKUNG: Vorsicht!

- Haben Sie bereits ein Merkmal in die Auswertungstabelle gezogen, dann können Sie die Formel *Anzahl()* nicht mehr wie oben benutzen, da hierbei dann der Merkmalsname eingesetzt wird und die Anzahl nicht-fehlender Werte dieses Merkmals bestimmt wird.
- Beachten Sie, dass eine Tabelle mit relativen Häufigkeiten bei kategorialen Merkmalen mit dem Nenner *Gesamtanzahl* bestimmt wird. Die oben stehenden Formeln geben für den Kontext von Häufigkeitstabellen falsche Ergebnisse (siehe Abschnitt 2.6.2).

Das Kommando *Anteil()* nutzt die gesamte Kollektion als Grundmenge. Will man relative Häufigkeiten in Bezug auf die nicht-fehlenden Werte eines Merkmals, z. B. *Größe*, errechnen, so muss man im Nenner die Formel *Anzahl(Größe)* verwenden.

2. Reproduzieren Sie die folgende Häufigkeitstabelle:

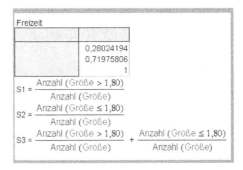

Die relativen Häufigkeiten addieren sich zu 1, die fehlenden Werte bleiben außen vor.

2.6 Statistische Auswertung von numerischen Merkmalen

2.6.1 Grundsätzliches zum Aufbau von Formeln

Bei numerischen Merkmalen möchte man bestimmte Kennzahlen bestimmen z. B. das arithmetische Mittel, den Median oder z. B. den Maximalwert. Dafür stehen im Formeleditor Kommandos zur Verfügung, in die man den Namen eines Merkmals eingeben kann. Formeln sind nach dem Prinzip *Kommando(Merkmalsname)* aufgebaut.

Berücksichtigung fehlender Werte

Das Kommando *aMittel(Größe)* liefert z. B. das arithmetische Mittel des Merkmals *Körpergröße*. Das arithmetische Mittel summiert alle vorkommenden Werte eines Merkmals und dividiert sie durch die Anzahl der Werte. Das ist in diesem Fall immer die Anzahl der nicht-fehlenden Werte. Bei den meisten realen Daten, wie auch den Muffins-Daten gibt es zahlreiche fehlende Werte. Würde immer durch den Umfang der Kollektion geteilt, ergäben sich systematische Fehler.

1. Überprüfen Sie die korrekte Rechnung beim arithmetischen Mittel. Ziehen Sie eine Auswertungstabelle aus der Symbolleiste in Ihren Arbeitsbereich. Ziehen Sie den Namen der Kollektion *Freizeit* aus den Muffins-Daten auf den Runter-Pfeil der Auswertungstabelle, um die Tabelle mit der Kollektion zu verknüpfen. Fügen Sie die Formel `aMittel(Größe)` und die Formel `Summe(Größe)/Anzahl(Größe)` hinzu. Sie erhalten nebenstehende Tabelle.

Dies Beispiel zeigt auch wie man aus Basisformeln, die FATHOM zur Verfügung stellt, komplexere Formeln selber definieren kann.

Auswertung von Teilmengen

Sie interessieren sich für die durchschnittliche Körpergröße der weiblichen Personen, also einer Teilmenge der Kollektion.

2. Fügen Sie in eine leere Auswertungstabelle, die Sie mit der Kollektion verknüpft haben die Formeln ein, die Sie in der folgenden Tabelle sehen.

Das qualitative Ergebnis konnte man erwarten. Die Männer sind durchschnittlich größer als die Frauen, die schweren Männer (über 85 kg) sind durchschnittlich größer als die Männer insgesamt. Das Beispiel demonstriert eine weitere grundlegende Verwendungsmöglichkeit von Formeln in FATHOM: Man kann

hinter dem Semikolon gleichsam Filter definieren, Bedingungen zur Auswahl
einer Teilmenge (vgl. auch Kapitel 1). Die statistische Auswertung bezieht sich
dann nur auf diese Teilmenge. Insofern in die Formel der Umfang der Daten
eingeht, werden immer automatisch solche nicht-fehlenden Werte des auszu-
wertenden Merkmals berücksichtigt, die auch zu der ausgewählten Teilmenge
gehören.

2.6.2 Kontexte für die Formelauswertung

Formeln können in Auswertungstabellen oder als Messgrößen ausgewertet werden.

Formeln zur Definition von Messgrößen

1. Öffnen Sie das Info-Fenster zur Kollektion *Freizeit* der Muffins-Daten.
   Klicken Sie auf die Registerkarte **Messgrößen**. Sie sehen folgendes Bild:

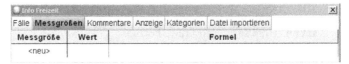

Sie können nun verschiedene Namen für die Messgrößen wählen und dazu
Auswertungsformeln definieren.

2. Fügen Sie mehrere Messgrößen ein, bis Sie das unten stehende Bild erhalten, indem Sie zunächst einen Namen in die linke Spalte eingeben. Doppelklicken Sie anschließend auf die Zelle unter Formel. Der Formeleditor
   öffnet sich und Sie können die Formel eingeben.

Im Messgrößenfeld können im Prinzip dieselben Formeln eingegeben werden
wie in einer Auswertungstabelle. Sie werden mit der Kollektion gespeichert,
während Auswertungstabellen leichter gelöscht werden. Der wesentliche Vorteil, Auswertungen als Messgrößen abzulegen besteht darin, dass man wiederholt Messgrößen sammeln kann. Das ist aber in der Regel nur dann sinnvoll,
wenn die Kollektion zufallsabhängige Werte oder Werte enthält, die von einem
Regler abhängen (siehe Kapitel 6). Ein dritter Vorteil besteht darin, dass die
Werte der statistischen Auswertung jetzt auch über einen Namen zugänglich
sind. Komplexe Auswertungen kann man damit abkürzen.

Formeln in Auswertungstabellen

Es gibt im Grunde Auswertungstabellen mit vier verschiedenen Zuständen, die der Anfänger intuitiv benutzen kann. Manchmal entstehen aber unerwartete Auswertungen, die man besser versteht, wenn man die Typen unterscheidet. Es gibt:

- Auswertungstabellen ohne Daten
- Auswertungstabellen, die mit der Kollektion verknüpft sind
- Auswertungstabellen, die ein kategoriales Merkmal im Kopf enthalten
- Auswertungstabellen, die ein numerisches Merkmal im Kopf enthalten

3. Stellen Sie die vier verschiedenen Auswertungstabellen her, indem Sie jeweils eine Kollektion oder die entsprechende Variable mit der Tabelle verknüpfen.

In die Formel *Anzahl()* mit der Leerstelle werden immer unterschiedliche Dinge eingesetzt, bei kategorialen Merkmalen wird die Formel *Anzahl()* auf die durch die Kategorien definierten Teilmengen angewendet.

4. Fügen Sie nun bei allen vier Auswertungstabellen die Formel `aMittel` `(Gewicht)` hinzu. Sie erhalten die folgenden Tabellen:

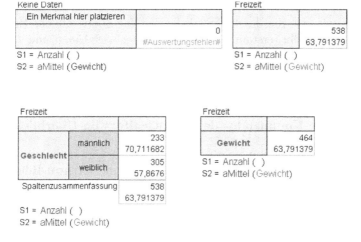

Die erste Tabelle liefert einen Auswertungsfehler, da sie das Merkmal *Gewicht* nicht kennt, denn sie ist nicht mit der Kollektion *Freizeit* verknüpft. Auswertungstabellen ohne Daten kann man benutzen, um mathematische Nebenrechnungen durchzuführen, z. B. 368/17 oder sin(38). Die zweite Tabelle wertet korrekt aus. Die dritte Tabelle mit dem kategorialen Merkmal wertet die Formel nach den beiden Teilmengen „männlich", „weiblich" getrennt aus. In der Spaltenzusammenfassung steht die Auswertung in der Gesamtgruppe. Die vierte Tabelle liefert auch ein richtiges Ergebnis, man hätte aber auch die Formel *aMittel()* benutzen können, da das Merkmal *Gewicht*, dann automatisch eingesetzt worden wäre.

Wir betrachten nun das Merkmal *FZ_ Sport_ akt*. Hier haben die Schülerinnen und Schüler angegeben, wie oft sie aktiv Sport treiben. Wir vermuten, dass die mittlere Zeit, die sie in der Woche aufwenden, mit der Häufigkeit der sportlichen Aktivität wächst und wir interessieren uns, ob aktives Sporttreiben vielleicht eine Auswirkung auf die Zeit für Hausaufgaben hat (*Zeit_ HA*).

5. Ziehen Sie das Merkmal *FZ_ Sport_ akt* in eine leere Auswertungstabelle. Duplizieren Sie die Tabelle mit Strg+D. Überschreiben die die Formel *Anzahl()* mit den unten stehenden Formeln, so dass Sie dann dieselben Tabellen erhalten.

Freizeit

FZ_Sp_akt	nie	0,2
	seltener	0,6
	1-2x/Monat	2
	1x/Woche	2,1
	2-3x/Woche	4,5
	täglich	8,4
Spaltenzusammenfassung		4,1

S1 = runde (aMittel (Zeit_Sport) ; 1)

Freizeit

FZ_Sp_akt	nie	8,4
	seltener	7
	1-2x/Monat	6,1
	1x/Woche	6,3
	2-3x/Woche	5,7
	täglich	5,7
Spaltenzusammenfassung		6

S1 = runde (aMittel (Zeit_HA) ; 1)

Wir sehen, wie sich die durchschnittliche Zeit für Sport mit der Häufigkeit des Betreibens erhöht (erstaunlicherweise zwischen *1-2xMonat* und *1x/Woche* kaum). In der rechten Tabelle sehen wir, wie die durchschnittliche Zeit für Hausaufgaben systematisch abnimmt, je häufiger jemand aktiv Sport treibt, warum auch immer.

2.6.3 Wichtige Kommandos des Formeleditors im Überblick

Zur statistischen Auswertung eines Merkmals stehen eine Reihe von Funktionen zur Verfügung. Weitere Informationen enthält die FATHOM-Hilfe.

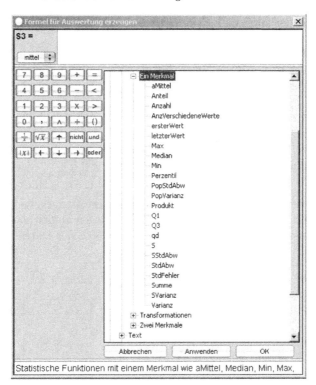

Statistische Funktionen mit einem Merkmal wie aMittel, Median, Min, Max,

Wir wollen nur ausgewählte Funktionen und die Möglichkeit, eigene Auswertungsfunktionen zu definieren, kennen lernen.

Der Median

Den Median bestimmt man, indem man die Werte eines Datensatzes der Größe nach ordnet und dann bis in die Mitte zählt. Um dies formal ausdrücken zu können, führen wir eine neue Bezeichnung ein. X sei eine numerische Variable mit Werten $x_1, x_2, \ldots, x_n$. Die der Größe nach geordneten Werte bezeichnen wir mit $x_{(1)} \leq x_{(2)} \leq \ldots \leq x_{(n)}$ und nennen sie die $1., 2., \ldots, n.$ Ordnungsstatistik. Formal ergibt sich dann der Median als

$$\text{Median}(X) := \begin{cases} x_{\left(\frac{n+1}{2}\right)}, & \text{falls } n \text{ ungerade,} \\ \frac{1}{2}\left(x_{\left(\frac{n}{2}\right)} + x_{\left(\frac{n}{2}+1\right)}\right), & \text{falls } n \text{ gerade.} \end{cases}$$

In erster Näherung kann man sagen, dass der Median den Datensatz halbiert. Falls mehrere Werte dem Median gleich sind kann es Abweichungen davon geben. Wir richten eine Auswertungstabelle so ein, dass wir für verschiedene Merkmale durchtesten können, wie viele der Daten kleiner, gleich oder größer als der Median sind.

1. Ziehen Sie das Merkmal *Zeit_Helfen* in eine leere Auswertungstabelle. Doppelklicken Sie auf die Formel *aMittel()* und ersetzen Sie sie durch `Median()`. Wählen Sie anschließend aus dem Kontextmenü **Formel hinzufügen** und geben ein `Anzahl(;<Median())`. An die ersten beiden Stellen werden automatisch Fragezeichen als Leerstellenmarkierungen gesetzt. Fügen Sie weitere Formeln hinzu bis Sie die nebenstehende Tabelle erhalten.

Wir sehen, dass 89 Personen genau den Medianwert 3 angegeben haben, 232 liegen darunter, 210 darüber. Unter dem Median liegen immer höchstens 50%, unter Einschluss des Medians sind es mindestens 50% der Daten.

2. Ziehen Sie nun das Merkmal *Gewicht* in die Auswertungstabelle über das Merkmal *Zeit_Helfen*, so dass es überschrieben wird. (Wenn Sie es auf den Runter-Pfeil ziehen würden, würde es hinzugefügt werden.) Sie erhalten die nebenstehende Tabelle.

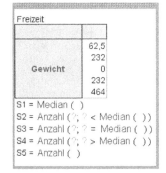

In diesem Fall liefert der Medianwert von 62,5 kg eine perfekte Halbierung der Datenmenge.

Der Perzentilbegriff

Mit dem Median haben wir die Daten im Verhältnis 50 : 50 „zerschnitten". Wir suchen jetzt entsprechende Werte, die sogenannten Quantile oder Perzentile, die die Daten im Verhältnis 20:80, 30:70, 80:20 oder anders ausgedrückt im Verhältnis $p : (1 - p)$ aufteilen, wobei $0 < p < 1$. Hiermit kann man z. B. dann mittlere Bereiche definieren und deren Ausdehnung messen.

Der Wert, der für p zwischen 0 und 1 die Daten einer Variable X im Verhältnis $p : (1 - p)$ aufteilt, heißt p-Quantil oder $p * 100\%$-Perzentil der Variable X, in FATHOM wird dazu das Kommando *Perzentil(100 p;X)* benutzt.

Sei X eine numerische Variable mit Werten $x_1, x_2, \ldots, x_n$ und p eine Zahl zwischen 0 und 1. Die der Größe nach geordneten Werte bezeichnen wir mit $x_{(1)} \le x_{(2)} \le \ldots \le x_{(n)}$. Wir definieren das p-Quantil der Variable X durch

$$\text{Perzentil}(100p; X) := \begin{cases} \frac{1}{2}\left(x_{(np)} + x_{(np+1)}\right), \text{falls } np \text{ ganzzahlig ist, sonst:} \\ x_{(r)}, \qquad \begin{array}{l} \text{wobei } r \text{ die jeweilige ganze Zahl ist,} \\ \text{für die } r - 1 < np < r \text{ gilt.} \end{array} \end{cases}$$

Wir nennen das p-Quantil auch das $p * 100$-Perzentil.
Die Quartile sind Sonderfälle

$$Q_1(X) = \text{Perzentil}(25; X), \quad Q_3(X) = \text{Perzentil}(75; X).$$

Wir wollen wissen, wo die mittleren 90% in der Verteilung eines Merkmals liegen.

3. Ziehen Sie das Merkmal *Gewicht* auf die Achse einer leeren Graphik. Wählen Sie aus dem Kontextmenü **Wert einzeichnen** und geben Sie dann im Formeleditor `Perzentil(5;)` ein. Es erscheint *Perzentil(5;?)*.

4. Wählen Sie aus dem Kontextmenü **Wert einzeichnen** und geben Sie dann im Formeleditor `Perzentil(95;)` ein. Sie erhalten die folgende Graphik:

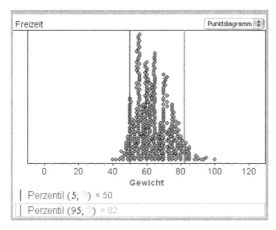

Die mittleren 90% der Schülerinnen und Schüler haben ein Körpergewicht zwischen 50 kg und 82 kg. Etwa 5% der Schülerinnen und Schüler wiegen weniger als 50 kg, etwa 5% der Schülerinnen und Schüler wiegen mehr als 82 kg.

Streuungsmaße

In FATHOM kann man die Varianz und die Standardabweichung durch ein Kommando berechnen oder aber aus elementaren Formeln aufbauen. Die Verfügbarkeit des Formeleditors erlaubt also mehr Flexibilität als manch andere Statistiksoftware sie hat. Das zeigt die folgende Tabelle:

$\dfrac{1}{n}\sum\limits_{i=1}^{n}(x_i-\bar{x})^2$	$\dfrac{\text{Summe}\left((X-\text{aMittel}(X))^2\right)}{\text{Anzahl}(X)}$ oder PopVarianz(X)
$\sqrt{\dfrac{1}{n}\sum\limits_{i=1}^{n}(x_i-\bar{x})^2}$	$\sqrt{\dfrac{\text{Summe}\left((X-\text{aMittel}(X))^2\right)}{\text{Anzahl}(X)}}$ oder PopStdAbw(X)

In der beurteilenden Statistik sind dieselben Formel nur mit $n-1$ im Nenner gebräuchlich, da diese Größen dann erwartungstreue Schätzer der Varianz bzw. der Standardabweichung in der Population sind.

$\dfrac{1}{n-1}\sum\limits_{i=1}^{n}(x_i-\bar{x})^2$	Varianz(X), SVarianz(X)
$\sqrt{\dfrac{1}{n-1}\sum\limits_{i=1}^{n}(x_i-\bar{x})^2}$	S(X), StdAbw(X), SStdAbw(X)
$\dfrac{1}{\sqrt{n}}\sqrt{\dfrac{1}{n-1}\sum\limits_{i=1}^{n}(x_i-\bar{x})^2}$	StdFehler(X), Standardfehler (wichtig für Konfidenzintervalle in der beurteilenden Statistik)

Man benötigt eigentlich nicht mehrere Bezeichnungen für dieselbe Sache. Wegen der notwendigen Kompatibilität zur amerikanischen Version wurde das aber beibehalten.

Alternative Streuungsmaße können die mittlere absolute Abweichung vom Median ($=\tilde{x}$) oder vom arithmetischen Mittel sein. Die stehen zwar nicht als fertige Formeln zur Verfügung, aber können aus elementaren Bausteinen aufgebaut werden.

$\dfrac{1}{n}\sum\limits_{i=1}^{n}|x_i-\bar{x}|$	$\dfrac{\text{Summe}\left(|X-\text{aMittel}(X)|\right)}{\text{Anzahl}(X)}=\text{aMittel}(|X-\text{aMittel}(X)|)$
$\dfrac{1}{n}\sum\limits_{i=1}^{n}|x_i-\tilde{x}|$	$\dfrac{\text{Summe}\left(|X-\text{Median}(X)|\right)}{\text{Anzahl}(X)}=\text{aMittel}(|X-\text{Median}(X)|)$

Andere Streuungsmaße werden durch mittlere Bereiche definiert.

Quartilabstand beim Merkmal X	qd(X), $Q_3(X)-Q_1(X)$
Streuung der mittleren 90%	Perzentil$(95;X)-$Perzentil$(5;X)$

2.6.4 Umgang mit der Auswertungstabelle

Wie wir schon an einigen Beispielen gesehen haben, erfolgt die statistische Auswertung von numerischen Variablen mithilfe von Auswertungstabellen, bei denen man beliebig viele Formeln hinzufügen und wieder entfernen kann. In diesem Abschnitt benutzen wir Auswertungstabellen immer so, dass wir eine oder mehrere Merkmale in die Tabelle ziehen. Diese Merkmale werden dann automatisch in die Leerstellen der Formeln eingesetzt.

Wir untersuchen das Merkmal *SchlafSa*, das ist die aus der Differenz von Zubettgehzeit am Freitag und der Aufstehzeit am Samstag errechnete „Schlafdauer", vielleicht besser als Bettverweildauer zu bezeichnen.

1. Ziehen Sie das Merkmal in eine leere Auswertungstabelle auf den nach rechts zeigenden Pfeil. Wählen Sie aus dem Kontextmenü **Basisstatistiken hinzufügen**. Ziehen Sie nun die Auswertungstabelle so groß, dass Sie alle Angaben sehen können. Sie erhalten die nebenstehende Auswertungsabelle.

Freizeit	
	SchlafSa
	9,245098
	510
	1,7250112
	0,076384779
	28

   S1 = aMittel ( )
   S2 = Anzahl ( )
   S3 = StdAbw ( )
   S4 = StdFehler ( )
   S5 = Anzahl (fehlend ( ))

   Dabei ist zu beachten, dass die Standardabweichung mit $n - 1$ im Nenner berechnet wird, was ebenso wie die Angabe des Standardfehlers eher für die Beurteilende Statistik wichtig ist.

2. Entfernen Sie nun diese fünf hinzugefügten Statistiken sukzessive, indem Sie eine Formel anklicken und dann aus dem Kontextmenü **Formelinhalt löschen** wählen. Anschließend wählen Sie aus dem Kontextmenü **Fünf-Zahlenzusammenfassung hinzufügen**. Sie erhalten die nebenstehende Tabelle.

Freizeit	
	SchlafSa
	9,245098
	3,5
	8
	9,25
	10,5
	14

   S1 = aMittel ( )
   S2 = Min ( )
   S3 = Q1 ( )
   S4 = Median ( )
   S5 = Q3 ( )
   S6 = Max ( )

   Es werden automatisch die für den Boxplot wichtigen Kennzahlen Min, 1. Quartil Q_1, Median, 3. Quartil Q_3 und Maximum hinzugefügt. Die Schüler/innen schlafen also durchschnittlich 9,25 Std., also $9\frac{1}{4}$ Stunden, allerdings liegt das Minimum bei 3,5 und das Maximum bei 14 Stunden. Etwa 25% der Schüler schlafen 10,5 Stunden oder mehr (das 3. Quartil ist 75%).

Wir fügen nun weitere Merkmale zu Vergleichs-
zwecken hinzu.

3. Fügen Sie zunächst das Merkmal *SchlafFr*
   hinzu und zwar auf den nach rechts weisenden
   Pfeil. Sie erhalten eine erweiterte Tabelle.

Freizeit		
	SchlafSa	SchlafFr
	9,245098	7,9915414
	3,5	5
	8	7,5
	9,25	8
	10,5	8,5
	14	10,5

S1 = aMittel ( )
S2 = Min ( )
S3 = Q1 ( )
S4 = Median ( )
S5 = Q3 ( )
S6 = Max ( )

Vom Donnerstag auf den Freitag wird also im
Schnitt 1,26 Stunden weniger geschlafen als auf
den Samstag. Maximal wird nur noch 10,5 Std.
geschlafen, minimal 5 Std. was zwar mehr ist als
am Wochenende, aber dieser Einzelfall ist aus
Schulsicht sicher nicht befriedigend.

Es könnte interessant sein, die mittlere Schlafzeit über die ganze Woche zu
verfolgen. Um die Tabelle zu vereinfachen, betrachten wir nur die arithmetischen Mittelwerte, die wir aber auf zwei Stellen runden.

4. Ziehen Sie das Merkmal *SchlafMo* in eine
   leere Auswertungstabelle auf den nach unten zeigenden Pfeil. Fügen Sie sukzessive
   die anderen Merkmale *SchlafDi*, *SchlafMi* bis
   SchlafSo auf den Runter-Pfeil hinzu. Die Formel *aMittel()* ist bereits im Formelfenster
   enthalten. Doppelklicken Sie dann auf diese
   Formel und ersetzen Sie sie durch die Formel `runde(aMittel();2)`. Sie erhalten die
   nebenstehende Tabelle.

Freizeit	
SchlafMo	7,99
SchlafDi	7,95
SchlafMi	7,97
SchlafDo	7,97
SchlafFr	7,99
SchlafSa	9,25
SchlafSo	8,83

S1 = runde (aMittel ( ) ; 2)

Das mittlere Schlafverhalten ist unter der Woche praktisch unverändert. Am
längsten wird in den Samstag hinein geschlafen, ein wenig kürzer in den Sonn-
tag, aber noch immer 0,84 Std. also ca. 50 Minuten länger als in einen nor-
malen Wochentag wie Freitag.

Weiterverarbeitung von Auswertungstabellen

Wir möchten die Zahlen einer Auswertungstabelle weiter verarbeiten. Dann
werden wir die Daten in eine eigene Datentabelle übertragen und mit den
üblichen FATHOM-Kommandos bearbeiten. Dazu muss man in FATHOM eine
neue Kollektion erzeugen.

5. Wählen Sie aus dem Kontextmenü zur Auswertungstabelle **Kollektion
   aus Zellwerten erstellen**. Es entsteht eine neue Kollektion *Zellen aus
   Freizeit Tabelle*. Wählen Sie diese Kollektion aus und ziehen Sie eine neue

Datentabelle in Ihren Arbeitsbereich. Der Arbeitsbereich sollte jetzt folgendermaßen aussehen:

Freizeit	
SchlafMo	7,99
SchlafDi	7,95
SchlafMi	7,97
SchlafDo	7,97
SchlafFr	7,99
SchlafSa	9,25
SchlafSo	8,83

S1 = runde (aMittel ( ) ; 2)

Zellen aus Freizeit Tabelle

	ZeileNa...	S1	<neu>
1	SchlafMo	7,99	
2	SchlafDi	7,95	
3	SchlafMi	7,97	
4	SchlafDo	7,97	
5	SchlafFr	7,99	
6	SchlafSa	9,25	
7	SchlafSo	8,83	

6. Ändern Sie den Namen der ersten Spalte in *Wochentag*, den der zweiten Spalte in *Mittl_Schlafzeit*, indem Sie auf die Spaltenköpfe doppelklicken und die Namen überschreiben. Doppelklicken Sie anschließend auf beide Begrenzungslinien der beiden Spalten: Die Spalten verbreitern sich automatisch, so dass die Spaltenbezeichnungen vollständig lesbar sind. (Alternativ wählen Sie im Menü bei ausgewählter Tabelle **Tabelle>Automatisches Anpassen der Spaltenbreiten**.) Sie erhalten dann die nebenstehende Tabelle.

Zellen aus Freizeit Tabelle

	Wochentag	Mittl_Schlafzeit
1	SchlafMo	7,99
2	SchlafDi	7,95
3	SchlafMi	7,97
4	SchlafDo	7,97
5	SchlafFr	7,99
6	SchlafSa	9,25
7	SchlafSo	8,83

7. Stellen Sie die Daten in einem Säulendiagramm dar, indem Sie das Merkmal *Wochentag* in eine leere Graphik auf die vertikale Achse ziehen. Doppelklicken Sie auf die Formel *Anzahl()* in der Graphik und ersetzen Sie sie durch `Mittl_Schlafzeit`. Sie erhalten nebenstehende Graphik.

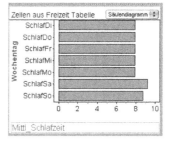

Diese Graphik ist noch unbefriedigend, da die Wochentage nicht in der richtigen Reihenfolge, sondern in lexikographischer Ordnung aufgeführt werden.

8. Sie können die Namen der Wochentage mit der Maus selektieren und dann bei gedrückter Maustaste vertikal verschieben und so manuell die richtige Reihenfolge herstellen. Sie erhalten dann die folgende linke Graphik. Die rechte entsteht entsprechend, wenn sie unter 7. das Merkmal auf die horizontale Achse gezogen hätten.

 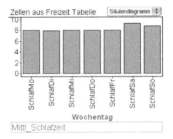

Die Anordnung der Wochentage auf der vertikalen Achse hat hier gegenüber der horizontalen Anordnung den Vorteil, dass die Namen besser lesbar sind und so ein visueller Vergleich der Balken leichter ist.

2.7 Transformation von Merkmalen

2.7.1 Kategorisierung von Merkmalen

Wir betrachten das Merkmal *FZ_Handw(erk)*, bei dem die Schülerinnen und Schüler nach der Häufigkeit handwerklicher Betätigungen gefragt wurden.

1. Ziehen Sie das Merkmal auf die vertikale Achse einer leeren Graphik. Sie erhalten ein Säulendiagramm.

Wir finden, dass die Detailliertheit der Kategorien für einen Zeitungsbericht nicht nötig ist und wollen die Daten zusammenfassen.

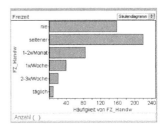

Alte Kategorie	Neue Kategorie
nie	niemals
Seltener (als 1x/Monat)	selten
1-2x/Monat, 1xWoche	mittel
2-3x/Woche, täglich	häufig

Hierzu ist eine Transformation nötig.

2. Markieren Sie das Merkmal *FZ_Handw* in der Datentabelle. Wählen Sie aus dem Kontextmenü **Neues Merkmal**. Sie werden aufgefordert, einen Namen für das neue Merkmal einzugeben. Geben Sie z. B. `FZ_Handw_kat` ein. Links neben dem Merkmal *FZ_Handw* wird ein leeres Merkmal dieses Namens erzeugt.

3. Wählen Sie dies neue Merkmal aus und wählen Sie aus dem Kontextmenü **Formel bearbeiten**. Es öffnet sich der Formeleditor. Wählen Sie aus der Funktionenliste **Bedingungen>transform** aus. Sie erhalten folgende Rohformel, in die Sie weitere Eingaben machen müssen.

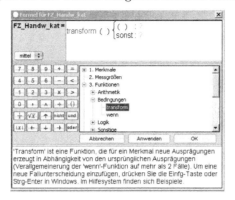

4. Tragen Sie in die erste Leerstelle `FZ_Handw` ein, in die zweite zunächst ein Anführungszeichen. Es erscheint dann ein doppeltes Anführungszeichen. Schreiben Sie dazwischen `nie`. Eersetzen Sie dann entsprechend das Fragezeichen in derselben Zeile durch die neue Kategorie `niemals`. Drücken Sie die Einfg-Taste und es erscheint eine weitere Eingabezeile. Machen Sie die entsprechenden Einträge, so dass Sie zu unten stehender Formel kommen.

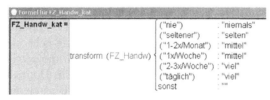

Die letzte Zeile ist sehr wichtig, da sie fehlende Werte in fehlende Werte transformiert.

5. Schließen Sie den Formeleditor. Ihre Datentabelle sieht dann auszugsweise folgendermaßen aus.

6. Ziehen Sie nun die neue Variable in eine leere Graphik, so das Sie das folgende Säulendiagramm der zusammengefassten Daten erhalten (nächste Seite linke Graphik). Ziehen Sie das unter 1. erstellte Diagramm daneben und bringen Sie beide auf etwa die gleiche Größe. Selektieren Sie im linken Diagramm die Säule „mittel". Die darin enthaltenen Fälle färben sich rot, ebenso wie die korrespondierenden Fälle im rechten Diagramm.

FZ_Handw_kat	FZ_Handw
niemals	nie
mittel	1-2x/Monat
niemals	nie
niemals	nie
selten	seltener
viel	täglich
selten	seltener
selten	seltener
niemals	nie

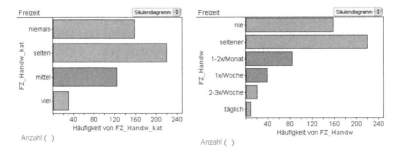

2.7.2 Häufigkeitstabellen für numerische Merkmale auf der Basis von Klasseneinteilungen

Wir haben in Abschnitt 2.1.1 gesehen, wie man für numerische Merkmale Häufigkeitstabellen mit einer Grundauszählung bekommen kann, wenn man sie unter Halten der Shift-Taste in eine Auswertungstabelle zieht, wodurch sie als kategoriale Merkmale interpretiert werden.

Wir wollen nun sehen, wie man Häufigkeitstabellen zu einer Klasseneinteilung erstellt, wie sie in einem Histogramm vorkommt. Dazu muss man ein numerisches Merkmal explizit in ein kategoriales umwandeln. Man könnte den *tranform*-Befehl wie unter Abschnitt 2.7.1 verwenden, aber es gibt eine effektivere Möglichkeit.

1. Ziehen Sie das Merkmal *SaBett* in eine leere Graphik. Das Merkmal enthält die Antworten auf die Frage nach der Zu-Bett-geh-Zeit am Samstag, dabei bedeutet 25 dann 1 Uhr nachts, der Letzte geht um 31 also um 7 Uhr ins Bett. Es entsteht ein Punktdiagramm. Duplizieren Sie diese Graphik und wandeln Sie sie in ein Histogramm um. Doppelklicken Sie auf ein freies Feld in der Graphik, so dass das Info-Fenster des Histogramms erscheint. Stellen Sie eine Klassenbreite von 1 und einen Start bei 22 Uhr ein. Ihre Graphiken sollten dann folgendermaßen aussehen:

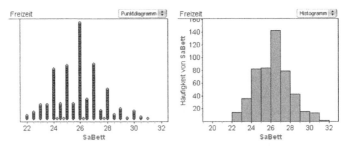

Wir wollen jetzt eine Häufigkeitstabelle zu der rechten Graphik erzeugen.

2. Markieren Sie das Merkmal *SaBett* in der Datentabelle. Wählen Sie aus dem Kontextmenü **Neues Merkmal** und geben Sie diesem Merkmal zum Beispiel den Namen *SaBett_kat*. Markieren Sie dieses Merkmal und wählen Sie aus dem Kontextmenü **Formel bearbeiten**. Wählen Sie aus der Funktionsliste **Statistik>Transformationen>klass** aus. Geben Sie dann die Parameter `klass(SaBett;2;22;34)` ein und schließen Sie den Formeleditor. Ihre Datentabelle sieht dann auszugsweise folgendermaßen aus.

SaBett_kat	SaBett
b03	24
b04	25
b05	26,5
b03	24
b04	25,5
b01	22,5
b04	25
b04	25
b04	25
b02	23

Den numerischen Werten wurden jetzt Kategorien in naheliegender Bezeichnung zugeordnet.

3. Ziehen Sie nun die kategoriale Variable *SaBett_kat* in eine leere Auswertungstabelle auf den Runter-Pfeil. Dann erhalten Sie die gewünschte Häufigkeitstabelle, die dem Histogramm entspricht. Ziehen Sie diese Variable in eine leere Graphik, so erhalten Sie ein Säulendiagramm, das dem Histogramm unter 1. entspricht.

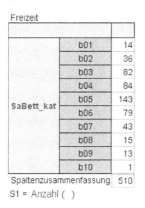

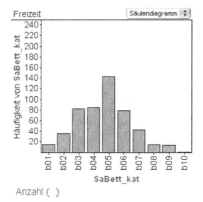

3
Vergleich von Gruppen

In diesem Kapitel lernen Sie zwei oder mehrere Verteilungen zu vergleichen, mit Beispielen aus dem Muffins-Datensatz, den Sie bereits in den vorangehenden Kapiteln kennen gelernt haben.

3.1 Vergleiche bei numerischen Merkmalen

3.1.1 Mehrere numerische Merkmale in einer einzigen Graphik oder Tabelle

Wir wollen die Zeiten vergleichen, die die Schüler/innen für das Lesen einerseits und für das Fernsehen andererseits verwenden.

1. Ziehen Sie eine neue Graphik aus der Symbolleiste in Ihren Arbeitsbereich. Ziehen Sie das Merkmal *Zeit_TV* auf die horizontale Achse, ändern Sie das **Punktdiagramm** in ein **Histogramm** um. Wiederholen Sie das gleiche für das Merkmal *Zeit_Lesen* und stellen Sie beide Graphen nebeneinander.

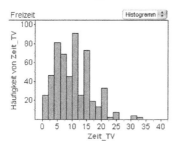 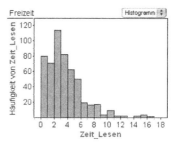

Ein schneller visueller Vergleich würde vielleicht zu dem Ergebnis kommen, dass beide Verteilungen sich sehr ähnlich sind. Schaut man aber auf die Achsen, sieht man, dass diese sehr verschieden sind. Die automatische Achsenwahl ist optimiert für jeweils nur eine Graphik. Wir wollen die Achsen nun miteinander verknüpfen.

2. Wählen Sie aus dem Kontextmenü der Graphik zu *Zeit_TV* **Achsenverknüpfungen zeigen**. Es erscheinen zwei liegende geöffnete Kettenglieder in der Graphik.

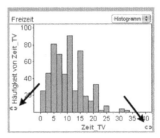

3. Ziehen Sie das Achsenverknüpfungszeichen der horizontalen Achse auf die horizontale Achse der Graphik *Zeit_Lesen* und das Achsenverknüpfungszeichen der vertikalen Achse auf die vertikale Achse der Graphik *Zeit_Lesen*. Die Graphiken sehen wie folgt aus.

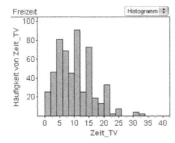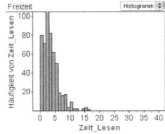

Die Achsen der rechten Graphik wurden an die der linken angeglichen. Die Daten bei *Zeit_Lesen* sind jetzt allerdings nicht vollständig sichtbar.

4. Greifen Sie die vertikale Achse der rechten Graphik und ziehen Sie solange, bis die höchste Säule vollständig sichtbar wird. Sie können beobachten, dass sich die linke Graphik simultan mit verändert. Die Achsen sind dynamisch miteinander verknüpft.

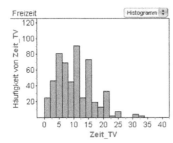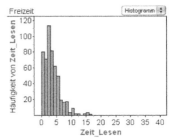

Wir sehen nun, dass sich die Verteilungen doch deutlich unterscheiden und u. a. einen anderen Wertebereich besitzen.

Als Alternative zur Verknüpfung von Achsen kann man mehrere Merkmale in einem Diagramm darstellen. Man erhält so eine komposite Graphik.

5. Greifen Sie das Merkmal *Zeit_Lesen* aus der rechten voranstehenden Graphik. Ziehen Sie es auf die linke Graphik. Lassen Sie es nicht über dem Merkmalsnamen *Zeit_TV* fallen, dann würde das Merkmal überschrieben, sondern ziehen Sie es auf das erscheinende Pluszeichen. Sie erhalten die nebenstehende komposite Graphik, bei der Achsen und die Klasseneinteilung identisch sind.

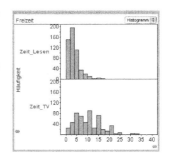

6. Entfernen Sie die beiden Achsenverknüpfungen, indem Sie die Achsenverknüpfungen selektieren und aus dem Menü **Graph>X-Achsenverknüpfung lösen** bzw. **Graph>Y-Achsenverknüpfung lösen** wählen. Gehen Sie dann auf das Pull-down-Menü mit den Graphikvarianten und wählen Sie **Boxplot** aus. Simultan werden beide Histogramme in einen Boxplot umgewandelt.

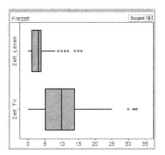

7. Ziehen Sie aus der Symbolleiste eine leere Auswertungstabelle in Ihren Arbeitsbereich. Ziehen Sie nacheinander das Merkmal *Zeit_Lesen* und *Zeit_TV* auf den Rechtspfeil der Tabelle. Wählen Sie dann aus dem Kontextmenü **Fünf-Zahlenzusammenfassung hinzufügen** und Sie erhalten eine Tabelle, die beide Merkmale erfasst. Diese kann jetzt zum Vergleich der Verteilungen anhand ihrer Kennzahlen herangezogen werden.

	Zeit_Lesen	Zeit_TV
	3,1471857	9,7551402
	0	0
	1	5
	3	10
	4	14
	16	32,5
S1 = aMittel ( )		
S2 = Min ( )		
S3 = Q1 ( )		
S4 = Median ( )		
S5 = Q3 ( )		
S6 = Max ( )		

3.1.2 Analyse nach Gruppen bei einem numerischen Merkmal

Wir wollen die Zeit, die die Schülerinnen am Computer verbringen, mit der Zeit, die Schüler dies tun, vergleichen. Das Merkmal *Zeit_Comp* wird dabei als Analysevariable, das Merkmal *Geschlecht* als gruppierende Variable betrachtet.
Dazu gibt es verschiedene Möglichkeiten in FATHOM.

1. Ziehen Sie eine neue Graphik aus der Symbolleiste in Ihren Arbeitsbereich. Ziehen Sie das Merkmal *Zeit_Comp* auf die horizontale Achse. Wählen Sie aus dem Kontextmenü der Graphik **Filter hinzufügen**. Im sich öffnenden Formeleditor geben Sie die Formel Geschlecht = ''weiblich'' ein.

2. Duplizieren Sie diese Graphik und ändern Sie die Formel für den Filter in dieser Graphik in *Geschlecht = "männlich"*. Stellen Sie die beiden Graphiken nebeneinander.

Wegen der unterschiedlichen Gruppengrößen muss man relative Häufigkeiten für einen Verteilungsvergleich wählen.

3. Wählen Sie nun aus den Kontextmenüs der Graphiken **Skala>relative Häufigkeit**. Sie erhalten die folgenden beiden Graphiken:

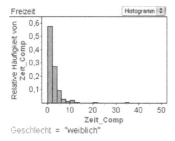 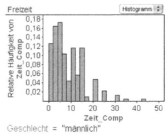

Die vertikalen Achsen unterscheiden sich sehr, so dass wir die Achsen verknüpfen wollen.

4. Wählen Sie in der linken Graphik aus dem Kontextmenü **Achsenverknüpfung zeigen** und ziehen Sie das Verknüpfungszeichen auf die vertikale Achse der rechten Graphik. Wählen Sie in beiden Graphiken im Kontextmenü **Wert einzeichnen** und lassen Sie den Median einzeichnen.

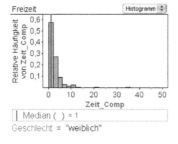 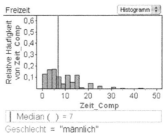

Nun ist ein Verteilungsvergleich sinnvoll möglich. Die Verteilung der Männer ist sehr deutlich zu höheren Werten verschoben. Der Median ist 7mal so groß. Wir sehen außerdem eine bedeutsame Teilgruppe der Schülerinnen, über 50%, die von 0 bis unter 2,5 Stunden am Computer arbeiten.

Man erspart sich mehrere Arbeitsschritte, wenn man die gruppierende Variable sogleich auf die vertikale Achse zieht.

5. Ziehen Sie eine leere Graphik aus der Symbolleiste in Ihren Arbeitsbereich. Ziehen Sie das Merkmal *Zeit_Comp* auf die horizontale Achse und

das Merkmal *Geschlecht* auf die vertikale Achse. Duplizieren Sie die Graphik und wandeln Sie **Punktdiagramm** im Pull-down-Menü der Graphik in **Boxplot** um, um für den Vergleich der Verteilungen noch bessere Voraussetzungen zu schaffen.

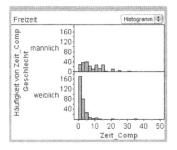 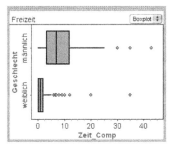

6. Wählen Sie aus dem Kontextmenü der Histogramme **Wert einzeichnen** und zeichnen Sie den Median ein.

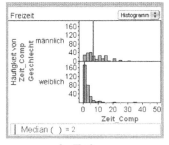

Die eingezeichneten Mediane beziehen sich auf die Teilgruppen, der unter der Graphik angegebene Wert des Medians bezieht sich auf die Gesamtgruppe.

7. Geben Sie die unten stehenden Formeln ein, um nach Teilgruppen getrennte Mediane numerisch anzuzeigen. Duplizieren Sie anschließend die Graphik und wandeln Sie sie dann in ein komposites Perzentildiagramm um.

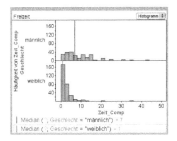 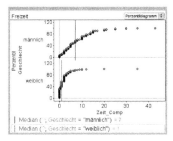

Im Perzentildiagramm ist man von der Klasseneinteilung unabhängig und kann z. B. den Prozentsatz der Schülerinnen ablesen, die 0 Stunden am Computer verbringen. Das sind etwas über 35% (vgl. Kapitel 2).

3.2 Vergleich bei kategorialen Merkmalen

3.2.1 Verteilungsgraphiken mit getrennten Säulendiagrammen

Wir interessieren uns für den Zusammenhang zwischen Geschlecht und Computerbesitz.

1. Ziehen Sie das Merkmal *Geschlecht* auf die vertikale Achse einer leeren Auswertungstabelle, das Merkmal *Eigener_Comp* auf die horizontale Achse. Sie erhalten die obere der folgenden „Vierfelder-Tafeln", benannt nach dem inneren Kern von vier Feldern.

2. Verfahren Sie nun genauso, vertauschen Sie aber die Rollen der Achsen. Sie erhalten die zweite Graphik der beiden unten stehenden.

Freizeit

		EigenerComputer		Zeilen-zusammenfassung
		ja	nein	
Geschlecht	männlich	184	48	232
	weiblich	114	190	304
Spaltenzusammenfassung		298	238	536

S1 = Anzahl ( )   Typ 1Y

Freizeit

		Geschlecht		Zeilen-zusammenfassung
		männlich	weiblich	
EigenerComputer	ja	184	114	298
	nein	48	190	238
Spaltenzusammenfassung		232	304	536

S1 = Anzahl ( )   Typ 1X

Zur Übersicht haben wir Bezeichnungen eingeführt. Die Nummer der Bezeichnung unterscheidet Typen mit unterschiedlichen Informationen, die Buchstaben bezeichnen auf welche Achse das Merkmal *Geschlecht* gelegt wird.

Für die entsprechende Graphik gibt es zwei ähnliche Optionen:

3. Betrachten Sie das Merkmal *EigenerComputer* als Analysevariable und *Geschlecht* als gruppierende Variable. Ziehen Sie also *EigenerComputer* auf die horizontale Achse und dann *Geschlecht* auf die vertikale Achse einer leeren Graphik. Wiederholen Sie den Vorgang mit vertauschten Rollen der Merkmale.

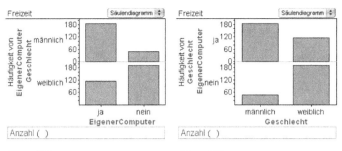

Typ 1Y   Typ 1X

Die Graphiken entsprechen zeilenweise der jeweiligen Tabelle gleichen Typs.

4. Die auf die Gesamtanzahl bezogenen relativen Häufigkeiten bekommen Sie, indem Sie durch *Gesamtanzahl* in den Formeln der Tabelle bzw. Graphik vom Typ 1X teilen. In der Tabelle empfiehlt sich eine Rundung. Die Summe aller relativen Häufigkeiten ist 1.

Typ 2X   Typ 2X

Für einen Vergleich sind aber relative Häufigkeiten auf die Teilgruppen zu beziehen: Wie viel Prozent der (männlichen) Schüler haben einen eigenen Computer, und im Vergleich dazu, wie viel Prozent der Schülerinnen haben einen eigenen Computer.

Wir verwenden dazu *Geschlecht* als gruppierende Variable und für die Analysevariable *EigenerComputer*. Die Verteilung des Merkmals *EigenerComputer* wird geschlechtsspezifisch untersucht.

5. Nehmen Sie die Auswertungstabelle vom Typ 1X und ersetzen Sie die Formel durch die in der folgenden linken Grafik stehenden. Mit der Formel *Spaltenanteil* (ohne Klammern!) wird der Anteil spaltenweise berechnet. Durch Multiplikation mit 100 kann man alle Werte als Prozente interpretieren.

6. Vertauschen Sie die Variablen, indem Sie in eine leere Auswertungstabelle *Geschlecht* auf die vertikale Achse und *EigenerComputer* auf die horizontale Achse ziehen. Da die Personen eines Geschlechtes jetzt zeilenweise angeordnet sind, muss als Formel *Zeilenanteil* genommen werden.

Freizeit		Geschlecht		Zeilen-zusammenfassung
		männlich	weiblich	
EigenerComputer	ja	79	38	56
	nein	21	63	44
Spaltenzusammenfassung		100	100	100

S1 = runde (Spaltenanteil; 2)•100

Freizeit		EigenerComputer		Zeilen-zusammenfassung
		ja	nein	
Geschlecht	männlich	79	21	100
	weiblich	38	63	100
Spaltenzusammenfassung		56	44	100

S1 = runde (Zeilenanteil; 2)•100

Typ 3X   Typ 3Y

Die Werte in beiden Tabellen, die Sie erhalten, sind gleich, aber die Anordnung ist anders. Beispielsweise haben 79% der Schüler einen eigenen Computer, aber nur 38% der Schülerinnen. Es gibt also krasse Geschlechtsunterschiede. Die Daten sind aus dem Jahr 2000, bei neueren Daten wird sich der Unterschied gemildert haben.

7. Erstellen Sie nun die zu diesen relativen Häufigkeiten gehörenden Graphiken. Ziehen Sie *EigenerComputer* auf die horizontale Achse einer leeren Graphik und *Geschlecht* auf die vertikale Achse. Ändern Sie die Formel in *Spaltenanteil* und Sie erhalten die Graphik vom Typ 3Y.

Sie haben zeilenweise 100% und sehen die Verteilung des Merkmals *Computerbesitz* nach *Geschlecht* getrennt.

8. Ziehen Sie nun *Geschlecht* auf die horizontale Achse und *EigenerComputer* auf die vertikale Achse und verwenden Sie als Formel *Zeilenanteil*. Dann erhalten Sie eine Graphik vom Typ 3X, die spaltenweise 100% ergibt.

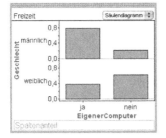 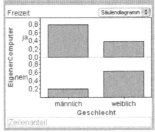

Typ 3Y   Typ 3X

Eine andere Frage ist, wie sich die Gruppen der Computerbesitzer und die der Nicht-Besitzer geschlechtsmäßig zusammensetzen. Jetzt wird *Geschlecht* zur Analysevariable und Computerbesitz zur gruppierenden Variable.

9. Vertauschen Sie in den beiden Tabellen vom Typ 3X und 3Y die Variablen, aber behalten Sie die Formeln bei. Sie können das z. B. durch leere Auswertungstabellen neu aufbauen.

Freizeit		EigenerComputer		Zeilen-
		ja	nein	zusammenfassung
Geschlecht	männlich	62	20	43
	weiblich	38	80	57
Spaltenzusammenfassung		100	100	100

S1 = runde (Spaltenanteil; 2) •100

Freizeit		Geschlecht		Zeilen-
		männlich	weiblich	zusammenfassung
EigenerComputer	ja	62	38	100
	nein	20	80	100
Spaltenzusammenfassung		43	57	100

S1 = runde (Zeilenanteil; 2) •100

Typ 4Y   Typ 4X

Diese stellen ganz andere relative Häufigkeiten als beim Typ 3 dar. Sie sehen, dass 62% der Computerbesitzer männlich sind, aber nur 20% der Nicht-
Besitzer. Wir verzichten darauf, diese beiden Tabellen analog zum Typ 3 wieder zu visualisieren.

3.2.2 Integrierte Säulendiagramme

Die Graphiken im letzten Abschnitt basieren auf je zwei Verteilungen, die
übereinander oder nebeneinander dargestellt werden. Man kann in FATHOM
aber auch integrierte Graphiken realisieren.

10. Ziehen Sie zunächst die Variable *EigenerComputer* auf die horizontale
    Achse, ziehen Sie dann die gruppierende Variable *Geschlecht* auf das Plus-
    zeichen der horizontalen Achse (nicht auf den Variablennamen, dann wür-
    de der überschrieben). Sie erhalten eine Aufspaltung des Computerbesit-
    zes nach Geschlecht (folgende Graphik links).

11. Duplizieren Sie die Graphik und ziehen Sie die Variable *Geschlecht* noch
    einmal zusätzlich in das Zentrum der Graphik. Sie wird als „Legenden-
    merkmal" interpretiert, welches jetzt die Säulen kategorienspezifisch ein-
    färbt (untere Graphik rechts). Dies unterstützt den visuellen Verteilungs-
    vergleich.

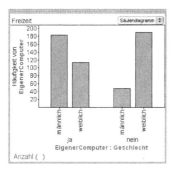

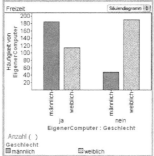

Typ 1   Typ 1

Diese Graphiken gehören zum Typ 1, wobei die beiden Zeilen der Graphik 1X unter Punkt 3 jetzt in einer Reihe angeordnet wurden.

12. Ändern Sie nun die Formel in *Anzahl()/Gesamtanzahl*, duplizieren Sie die Graphik zweimal und geben Sie einmal stattdessen `Spaltenanteil` und einmal `Zeilenanteil` ein.

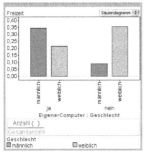 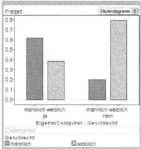 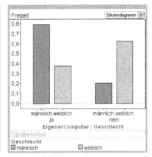

Typ 2   Typ 4   Typ 3

Die erste Graphik liefert relative Häufigkeiten auf die Gesamtgruppe bezogen. *Zeilenanteil* liefert Anteile bezogen auf die beiden Untergruppen Computerbesitz ja/nein. Das Kommando *Spaltenanteil* liefert Anteile bezogen auf die beiden Untergruppen Geschlecht männlich/weiblich, so dass wir hiermit den Typ 2, 3, und 4 reproduzieren.

3.2.3 Banddiagramme mit mehreren Merkmalen

Man kann die Situation auch mit Banddiagrammen visualisieren.

13. Ziehen Sie das Merkmal *EigenerComputer* in eine leere Graphik und ändern Sie dann im Pull-down-Menü den Graphiktyp in **Banddiagramm**. Ziehen Sie dann das Merkmal *Geschlecht* in das Graphikfeld hinein, so dass es als Legendenattribut interpretiert wird. Sie erhalten nebenstehendes Banddiagramm.

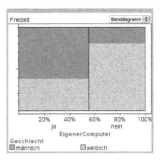

Man sieht hier einerseits die Aufteilung in Besitzer und Nicht-Besitzer im Verhältnis 56:44. Innerhalb der zwei Untergruppen, sieht man die relative Zusammensetzung nach *Geschlecht*, z. B. 80:20 in der Nicht-Besitzergruppe.

14. Vertauschen Sie die beiden Merkmale, indem Sie zunächst das Merkmal *Geschlecht* alleine in einem Banddiagramm darstellen. Dann ziehen Sie das Merkmal *EigenerComputer* als Legendenattribut in die Graphik. Sie erhalten ein anderes Banddiagramm, in dem Folgendes sichtbar ist: Von den Männern sind knapp 80%, unter den Frauen knapp 40% Computerbesitzer. Die Männer insgesamt stellen etwas mehr als 40% der Gesamtgruppe.

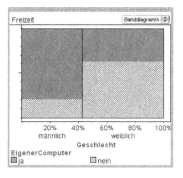

3.3 Test auf Unabhängigkeit bei zwei kategorialen Merkmalen

Die Geschlechtsunterschiede beim Computerbesitz sind groß. Nehmen wir einmal an, dass unsere Muffins-Daten eine repräsentative Stichprobe von Jugendlichen aus der 11. Gymnasialklasse darstellen. Könnte es sein, dass die beobachteten Unterschiede allein aus Zufall in der Stichprobe entstanden sein könnten, obwohl die Merkmale in der Gesamtpopulation der Jugendlichen stochastisch unabhängig sind (Nullhypothese)?

Freizeit		EigenerComputer		Zeilen-zusammenfassung
		ja	nein	
Geschlecht	männlich	184	48	232
	weiblich	114	190	304
Spaltenzusammenfassung		298	238	536

S1 = Anzahl ( )

Unsere Tabelle enthält folgende Daten. Wir wissen, ein Anteil von $298/536$ der Personen haben einen Computer. Bei perfekter Unabhängigkeit müssten sowohl $298/536$ der Schülerinnen als auch $298/536$ der Schüler einen Computer haben, wir würden dann die folgenden Werte erwarten.

	ja	nein
männlich	$298/536 \cdot 232$	$238/536 \cdot 232$
weiblich	$298/536 \cdot 304$	$238/536 \cdot 304$

Ausgerechnet ergibt das:

	ja	nein
männlich	128, 98507	103, 01493
weiblich	168, 01493	134, 98507

1. Berechnen Sie in FATHOM die Erwartungswerte, indem Sie eine leere Auswertungstabelle in Ihren Arbeitsbereich ziehen. Wählen
   Sie aus dem Kontextmenü **Formel hinzufügen** und geben Sie die erste der rechts stehenden Formeln ein. Wiederholen Sie diesen Vorgang dreimal entsprechend, bis Sie alle vier
   Rechnungen erledigt haben.

Die folgende Übersicht zeigt die beobachteten Werte O_i und im Vergleich dann
die gerundeten erwarteten Werte E_i (in Klammern):

Geschlecht		EigenerComputer		Zeilen-zusammenfassung
		ja	nein	
	männlich	184 (129,0)	48 (103,0)	232
	weiblich	114 (169,0)	190 (135,0)	304
Spaltenzusammenfassung		298	238	536

Die Chiquadratstatistik misst den Abstand zwischen beobachteten Werten
und erwarteten Werten in folgender Weise:

$$\chi^2 := \sum_{i=1}^{4} \frac{(O_i - E_i)^2}{E_i}.$$

Unter der Nullhypothese hat diese Statistik eine Stichprobenverteilung, die
für hinreichend große n durch die so genannte χ^2-Verteilung mit einem Frei-
heitsgrad angenähert werden kann. Wir können diese Rechnung schrittweise
mit FATHOM durchführen.

2. Ziehen Sie eine leere Kollektion in Ihren Arbeitsbereich und füllen Sie die
   zugehörige Datentabelle aus, wie Sie es in der folgenden Abbildung sehen.
   Ziehen Sie dann das Merkmal *Chi* in eine leere Auswertungstabelle und
   ersetzen Sie die Formel *Anzahl()* durch die Formel *Summe()*. Es errechnet
   sich ein χ^2-Wert von 93,175.

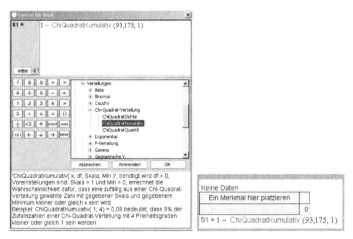

Kollektion 1

	O	E	Chi
=			$\dfrac{(O - E)^2}{E}$
1	184	128,98507	23,4651
2	114	169,01493	17,9075
3	48	103,01493	29,3806
4	190	134,98507	22,4221

Kollektion 1

Chi	93,17528

S1 = Summe ( )

Hätte man diese Rechnung mit den gerundeten ganzen Zahlen für die Erwartungswerte ausgeführt, dann wäre ein χ^2-Wert von 93,125 errechnet worden. Es empfiehlt sich normalerweise mit größerer Genauigkeit zu rechnen.

3. Berechnen Sie jetzt die Wahrscheinlichkeit, unter der Nullhypothese einen solchen Wert oder einen extremeren zu erhalten. Öffnen Sie eine leere Auswertungstabelle. Wählen Sie aus dem Kontextmenü **Formel hinzufügen** und wählen Sie im erscheinenden Formeleditor aus der Funktionsliste die Funktion **Verteilungen>Chi-Quadrat-Verteilung>ChiQuadratKumulativ** aus. Ergänzen Sie die Formel entsprechend der unteren Abbildung. Schließen Sie dann das Formeleditorfenster.

Die Wahrscheinlichkeit ist gleich 0 im Rahmen der Rechengenauigkeit, also auf jeden Fall < 0,0001.

Man kann diesen Test mit FATHOM auch direkt durchführen.

4. Ziehen Sie aus der Symbolleiste das statistische Objekt **Test** in Ihren Arbeitsbereich. Wählen Sie im Pull-down-Menü oben rechts **Unabhängigkeit testen**. Ziehen Sie dann das Merkmal *EigenerComputer* in die erste Zeile (erstes Merkmal) und *Geschlecht* in die zweite Zeile. Es erscheint dann die folgende Information:

Test von Freizeit			Unabhängigkeit testen ⟲
Erstes Merkmal (kategorial): EigenerComputer			
Zweites Merkmal (kategorial): Geschlecht			
		EigenerComputer	Zeilen-zusammenfassung
		ja / nein	
Geschlecht männlich		184 (129,0) / 48 (103,0)	232
Geschlecht weiblich		114 (169,0) / 190 (135,0)	304
Spaltenzusammenfassung		298 / 238	536

Erstes Merkmal: **EigenerComputer**
 Anzahl der Kategorien: **2**
Zweites Merkmal: **Geschlecht**
 Anzahl der Kategorien: **2**
Alternativhypothese: Es gibt eine Assoziation zwischen **EigenerComputer** und **Geschlecht**

Die Teststatistik, Chi-Quadrat, ist **93,18**. Es gibt **1** Freiheitsgrade (die Anzahl der Zeilen minus 1, multipliziert mit der Anzahl der Spalten minus 1).

Wenn es wahr ist, dass **EigenerComputer** stochastisch unabhängig von **Geschlecht** ist (die Nullhypothese), und das Stichprobenziehen wiederholt durchgeführt wird, wird die Wahrscheinlichkeit, einen Wert so groß wie Chi-Quadrat oder größer zu bekommen, < **0,0001** sein.

Die Zahlen in Klammern in der Tabelle geben die Erwartungswerte bei stochastischer Unabhängigkeit an.

Das Testobjekt zu benutzen erspart Ihnen einige Rechenschritte. Der Vorgang ist aber nicht so transparent wie unser erster Zugang, was aber für eine erste Begegnung wichtig ist. Wir können uns die Stichprobenverteilung ansehen:

5. Wählen Sie aus dem Kontextmenü des Test-objekts **Zeige die Verteilung der Teststatistik** und Sie erhalten ein Funktionen-diagramm der χ^2-Verteilung.

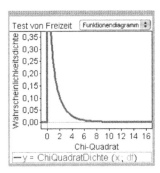

Aus dem Diagramm wird auch sichtbar, dass die Wahrscheinlichkeit, einen Wert größer gleich dem beobachteten χ^2-Wert zu erhalten, praktisch null ist (zum Testen vgl. Kapitel 8).

Wir untersuchen abschließend, ob Vorschriften der Eltern bezüglich des Zu-hauseseins am Wochenende vom Geschlecht der Schüler abhängig ist. Es gab drei Antwortmöglichkeiten auf die Frage nach elterlichen Vorschriften: ja (feste Zeit), nein (keine Festlegung), Absprache (jeweils in der Situation).

6. Ziehen Sie eine leere Graphik in Ihren Arbeitsbereich. Ziehen Sie das Merkmal *Geschlecht* auf die horizontale Achse und ändern Sie den Dia-grammtyp in **Banddiagramm**. Ziehen Sie das Merkmal *WochenendeZu-hause* in die Mitte der Graphik, so dass es als Legendenmerkmal interpre-tiert wird.

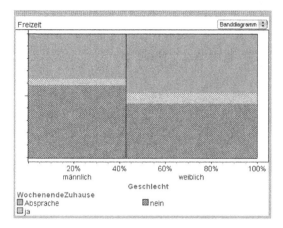

Man sieht, dass unter den Schülerinnen ein deutlich geringerer Teil keine Beschränkungen hat als es bei den (männlichen) Schülern der Fall ist. Der Anteil mit Absprache und der mit fester Zeit ist höher als bei den männlichen Schülern.

Angenommen, es handelte sich bei den Muffins-Daten um eine Zufallsstichprobe aus einer größeren Population, wären diese Unterschiede auch durch die Zufälle beim Stichprobenziehen zu erklären? Wir führen einen Chiquadrat-Unbhängigkeitstest durch.

7. Ziehen Sie ein Testobjekt aus der Symbolleiste in Ihren Arbeitsbereich. Wählen Sie **Unabhängigkeit testen** aus dem Pull-down-Menü. Ziehen Sie nun die beiden kategorialen Merkmale in das Testobjekt. Sie erhalten folgendes Testergebnis:

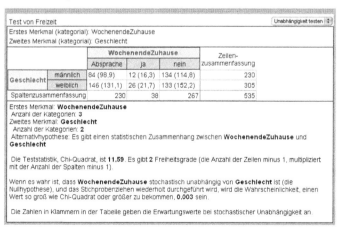

Die Hypothese der stochastischen Unabhängigkeit kann auf dem 0,003-Signifikanzniveau verworfen werden. Beachten Sie aber, dass über dieses Testergebnis hinaus das obige Diagramm noch weiter gehende Aussagen zulässt, da die

Richtung des statistischen Zusammenhangs, nämlich „Mädchen werden stärker kontrolliert", ablesbar ist. Diese Richtung ist aus dem Testresultat alleine nicht ablesbar. Test und Graphik ergänzen sich substantiell.

4

Funktionendarstellung

Wir lernen in diesem Kapitel FATHOM als Funktionenplotter kennen. Man kann direkt über Funktionsgleichungen Funktionen in einem Funktionendiagramm darstellen oder aber man erzeugt in einer Datentabelle eine Wertetabelle für eine Funktion, die man dann in einem Streudiagramm visualisiert ähnlich, wie in Tabellenkalkulationsprogrammen. In Kapitel 5 lernen wir dann, wie man Funktionen an empirisch gegebene Daten anpassen kann.

4.1 FATHOM als Funktionenplotter

1. Legen Sie eine neue Datei in FATHOM an. Sie brauchen keine Datenkollektion zu definieren. Alternativ ziehen Sie in einer bestehenden FATHOM-Datei eine neue Graphik in Ihren Arbeitsbereich.

2. Wählen Sie aus dem Pull-down-Menü **Funktionendiagramm**.

3. Wählen Sie aus dem Kontextmenü **Funktion einzeichnen** und geben Sie x^2 in den Formeleditor ein. Sie erhalten eine Normalparabel in einem Standardfenster.

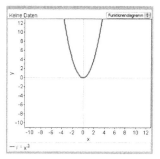

4. Wählen Sie aus dem Kontextmenü erneut **Funktion einzeichnen**, um eine zweite Funktion einzuzeichnen, und geben Sie als Funktionsterm `a(x-b)^2 + c` ein. Es erscheint die Formel mit der Fehlermeldung *(#Name nicht erkannt#)*. Dies liegt daran, dass Sie die Parameter a, b und c noch nicht definiert haben.

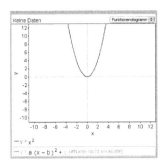

5. Ziehen Sie nacheinander drei Regler aus der Symbolleiste in Ihren Arbeitsbereich. Überschreiben Sie die voreingestellten Namen *V1*, *V2*, und *V3* mit den Bezeichnungen a, b und c. Sie erhalten jetzt eine zweite Funktion, bei welcher alle Parameter mit den voreingestellten Werten $a=b=c=5$ eingestellt sind.

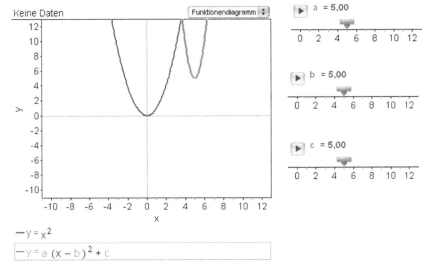

6. Ändern Sie den Wertebereich von a, indem Sie auf den Regler doppelklicken. Ändern Sie die Einstellungen des Info-Fensters zum Regler nach Ihren Wünschen.

7. Ändern Sie nun jeweils einen der drei Parameter durch Betätigen des Schiebers und beobachten Sie, wie sich der Funktionsgraph durch die Parameterveränderung bewegt.

8. Sie können einen Parameter dynamisieren mit der Folge, dass die Graphik animiert wird. Klicken Sie dazu auf den Animationsbutton im Reglerfeld.

Mit den vorgestellten Mitteln können Sie einfache dynamische Visualisierungen definieren. Wir konstruieren nun eine wandernde Tangente an eine nach unten geöffnete Parabel.

9. Ziehen Sie eine leere Graphik aus der Symbolleiste in Ihren Arbeitsbereich. Wählen Sie im Kontextmenü **Funktion einzeichnen** und geben Sie den Term 20-x^2 ein.

10. Doppelklicken Sie in die Graphik, so dass sich das Info-Fenster zur Graphik öffnet. Wählen Sie einen neuen Fensterausschnitt, indem Sie die Einstellungen wie rechts gezeigt vornehmen.

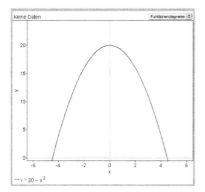

11. Schließen Sie das Info-Fenster. Ziehen Sie einen Regler aus der Symbolleiste in Ihren Arbeitsbereich. Benennen Sie den Regler in *xNull* um. Öffnen Sie das Info-Fenster des Reglers und geben Sie als Bereich für den Regler −6,5 bis 6,5 ein. Stellen Sie dann den Wert des Reglers auf 1 ein.

12. Wählen Sie aus dem Kontextmenü **Funktion einzeichnen** und geben Sie in den erscheinenden Formeleditor den Term xNull^2-2xNull*x +20 ein. Sie erhalten folgendes Bild:

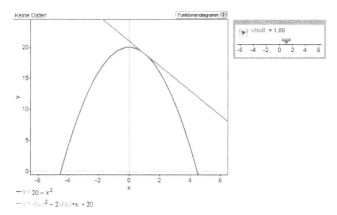

13. Animieren Sie nun den Parameter *xNull* durch einen Klick auf den Animationsbutton des Reglersymbols. Nun können Sie sich an der Wandertangente erfreuen.

4.2 Beispiel – der Bremsweg

Im diesem Abschnitt werden wir am Beispiel der Bremswegberechnung zu vorgegebenen Geschwindigkeiten eine Wertetabelle erstellen und die berechneten Werte graphisch veranschaulichen. Zudem gehen wir auf den Umgang mit physikalischen Einheiten ein.

Die Länge des Bremsweges eines Autos ist natürlich von dessen momentaner Geschwindigkeit zum Bremszeitpunkt abhängig. Diese kann durch folgende Funktion modelliert werden:

$$s(v) = \frac{v^2}{2\,b}.$$

Hier bezeichne $s(v)$ den Bremsweg in Metern, v die Geschwindigkeit in (km/h) und b die Bremsverzögerung in (m/s^2), die abhängig ist vom Fahrzeug, dessen Bremssystem und dem Straßenbelag. Tabelle 4.1 gibt Aufschluss über einige Werte der Bremsverzögerung.

Tabelle 4.1. Bremsverzögerung b in (m/s^2)

Glatteis	1,0
Schneeglätte	1,5
PKW, nasse Fahrbahn	4,5
PKW, trockene Fahrbahn	6,5
PKW, ABS	7,5

4.2.1 Erzeugen einer Wertetabelle

Wir wollen nun den funktionalen Zusammenhang zwischen Bremsweg und Geschwindigkeit eines PKWs auf trockener Fahrbahn darstellen. Dies bewerkstelligen wir mit einer Wertetabelle, die wir dann in einem Koordinatensystem veranschaulichen wollen. Die Wertetabelle realisieren wir in Fathom mit einer Datentabelle in der zu ausgewählten Geschwindigkeiten deren Bremsweg gegenübergestellt wird. Zunächst interessieren wir uns für die Geschwindigkeiten 10 km/h, 50 km/h, 100 km/h und 130 km/h.

1. Ziehen Sie eine Datentabelle von der Symbolleiste in Ihren Arbeitsbereich und erzeugen Sie ein Merkmal mit Namen *Geschwindigkeit*. Klicken Sie doppelt zwischen die beiden Zellen *Geschwindigkeit* und *<neu>*, um die Zellgröße anzupassen.

2. Fügen Sie die Werte 10, 50, 100 und 130 in diese Spalte ein – die Geschwindigkeiten, deren Bremsweg wir berechnen wollen.

Zu den eingegebenen Geschwindigkeiten wollen wir nun die korrespondierenden Bremswege berechnen lassen.

3. Erzeugen Sie rechts neben dem Merkmal *Geschwindigkeit* das Merkmal *BR_trocken*. Passen Sie die Zellbreite dieses Merkmals an.

4. Zur Eingabe der Formel blenden Sie zunächst die Formelzeile ein. Wählen Sie dazu im Kontextmenü der Datentabelle den Eintrag **Formeln zeigen** aus. Die grau hinterlegte Formelzeile erscheint direkt unter der Zeile mit den Merkmalsnamen.

5. Doppelklicken Sie in die Formelzelle des Merkmals *BR_trocken*, um den Formeleditor zu öffnen.

6. Geben Sie in das Formelfenster des Formeleditors die Formel für den Bremsweg ein, wobei Sie folgende Dinge beachten sollten:
   v ist durch den Merkmalsnamen *Geschwindigkeit* und b durch den Wert 6,5 zu ersetzen. Die in (km/h) angegebene Geschwindigkeit wird durch Division mit 3,6 in (m/s) umgerechnet.

ANMERKUNG: Wenn Sie Schwierigkeiten bei der Eingabe der Formel in das Formelfenster haben, sollten Sie wie folgt vorgehen: Geben Sie den Merkmals-namen `Geschwindigkeit` ein und weiter `/3,6`. Markieren Sie die Eingabe und geben Sie eine öffnende runde Klammer ein – die schließende Klammer erscheint automatisch. Bewegen Sie die Eingabemarke ans Ende der Eingabe hinter die schließende Klammer und geben Sie `^` ein. Die Eingabemarke wird nach oben gestellt und erwartet die Eingabe einer Potenz. Geben Sie `2` ein. Markieren Sie abermals den vollständigen Ausdruck und geben Sie `/2*6,5` ein. Ist die Größe des Formelfensters zu knapp bemessen, können Sie durch Ziehen an der Trennleiste den Sichtbereich anpassen.

Kollektion 1			
	Geschwindigkeit	BR_trocken	<neu>
=		$(\dfrac{\text{Geschwindigkeit}}{3,6})^2$ / $2 \cdot 6,5$	
1	10	0,593542	
2	50	14,8386	
3	100	59,3542	
4	130	100,309	

Und schon haben wir eine Wertetabelle erstellt, in der zu gegebenen Geschwin-digkeiten die zugehörigen Bremswege aufgelistet sind. Die Formelzellen lassen sich horizontal vergrößern, wenn man den unteren Rand einer Formelzelle mit der Maus nach unten zieht. Unschön ist jedoch die Angabe von sechs Nach-kommastellen der berechneten Werte. Eine Nachkommastelle genügt sicher auch.

7. Klicken Sie mit Rechtsklick auf den Merkmalsnamen *BR_trocken*, um das Kontextmenü zu öffnen und wählen Sie den Eintrag **Änderung des Merkmalformats...** aus. Das Dialogfenster *Merkmalformat* erscheint. Ändern Sie die Einstellungen wie in der Abbildung dargestellt, damit nur eine Nachkommastelle angezeigt wird.

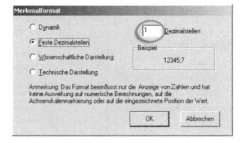

Nachdem wir dem Merkmal *BR_trocken* eine ansprechendere Formatierung spendiert haben, wollen wir nun die erstellte Wertetabelle in einem Streudia-gramm visualisieren.

8. Ziehen Sie ein Graphikfenster aus der Symbolleiste in Ihren Arbeitsbereich.

9. Aus der Datentabelle ziehen Sie nun das Merkmal *Geschwindigkeit* auf die horizontale Achse und das Merkmal *BR_trocken* auf die vertikale Achse im Graphikfenster. Und schon ist die Wertetabelle als ein *Streudiagramm* visualisiert.

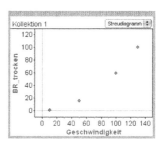

Als nächstes wollen wir die Wertetabelle mit neuen Werten erweitern.

10. Fügen Sie dem Merkmal *Geschwindigkeit* nachfolgend die Werte 30; 70; 160 und 6 hinzu. Die zugehörigen Bremswege erscheinen sogleich in der *BR_trocken*-Spalte. Auch wird das mit der Tabelle dynamisch verknüpfte Graphikfenster mit den Datenpunkten ergänzt.

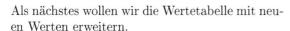

	Geschwindigkeit	BR_trocken $\left(\dfrac{Geschwindigkeit}{3,6}\right)^2$ $\overline{2 \cdot 6,5}$
=		
2	50	14,8
3	100	59,4
4	130	100,3
5	30	5,3
6	70	29,1
7	160	151,9
8	6	0,2

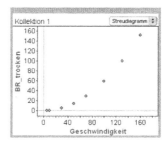

ANMERKUNG: Die nun ungeordnete Datentabelle kann leicht durch den Eintrag **Sortiere aufsteigend** im Kontextmenü des Merkmals *Geschwindigkeit* geordnet werden.

4.2.2 Äquidistante Geschwindigkeiten

Bisher haben wir die Geschwindigkeiten, zu denen wir den Bremsweg berechnet haben, selbst festgelegt und von Hand eingegeben. Oft will man aber nur eine Wertetabelle auf Basis von äquidistanten Werten in einem vorgegebenen Intervall aufstellen. Da wirkt die manuelle Eingabe der Geschwindigkeitswerte eher umständlich. Unser nächstes Vorhaben wird sein, die Geschwindigkeiten automatisch durch eine Formel bestimmen zu lassen. Wir entwickeln eine Formel mit der wir die Geschwindigkeiten mit der Schrittweite 5 für den Zahlenbereich $\{5, \ldots, 180\}$ berechnen können.

1. Doppelklicken Sie in die grau hinterlegte Formelzelle unter dem Merkmal *Geschwindigkeit* um den Formeleditor zu öffnen.

Wir lassen die Werte von den Fallnummerierungen abhängen, die in der linken, blau hinterlegten Spalte stehen. Mit dem Befehl *Index* lässt sich darauf zugreifen. Da wir eine Schrittweite von 5 km/h verlangen, ist mit 5 zu multiplizieren.

2. Geben Sie also 5 Index in das Eingabefeld des Formeleditors ein und bestätigen Sie mit der Return-Taste. Wie in der Abbildung dargestellt, sollten jetzt Geschwindigkeiten bis 40 km/h aufgeführt sein.

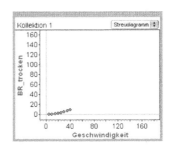

3. Um Werte bis 180 km/h aufzulisten, benötigen wir weitere Fälle, und zwar noch 28 Stück. Öffnen Sie das Kontextmenü und wählen den ersten Eintrag **Neue Fälle...** aus, damit das Dialogfenster **Fälle hinzufügen** erscheint. Ersetzen Sie die markierte 1 durch eine 28 und bestätigen Sie Ihre Eingabe mit der Return-Taste. Die Datentabelle wird mit weiteren Fällen und die Graphik mit den zugehörigen Punkten ergänzt.

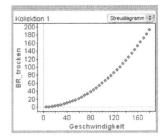

4.2.3 Erweiterte Wertetabelle

Vergleichend werden wir nun zu den gegebenen Geschwindigkeiten den Bremsweg für PKWs auf nasser Fahrbahn berechnen und in dem schon existierenden Streudiagramm darstellen.

1. Erzeugen Sie in der Datentabelle rechts neben dem Merkmal *BR_trocken* ein neues Merkmal *BR_nass*. Klicken Sie mit der rechten Maustaste in die Formelzelle des Merkmals *BR_trocken* und wählen Sie **Formel kopieren** aus. Klicken Sie nun mit der rechten Maustaste in die Formelzelle von *BR_nass* und wählen Sie **Formel einfügen** aus dem Kontextmenü aus. Damit blieb uns die Neueingabe der Formel erspart. Doch ist diese Formel noch anzupassen.

2. Öffnen Sie durch Doppelklick auf die Formelzelle von *BR_nass* den Formeleditor. Ersetzen Sie im Formelfenster den eingesetzten *b*-Faktor von 6,5 durch den Wert 4,5 für nasse Fahrbahnen und bestätigen Sie Ihre Eingabe mit der Return-Taste.

3. Wie unter Punkt 7 auf Seite 94 beschrieben, können Sie die Darstellung der Werte auf eine Nachkommastelle fixieren.

4. Wie in der Abbildung unten dargestellt ziehen Sie jetzt das Merkmal *BR_nass* auf das erscheinende Pluszeichen auf der vertikalen Achse im Graphikfenster (nicht auf den Merkmalsname *BR_trocken* ziehen, sonst wird dieser überschrieben). Und schon enthält das Streudiagramm auch die Punkte – hier blaue Quadrate – des Merkmals *BR_nass*.

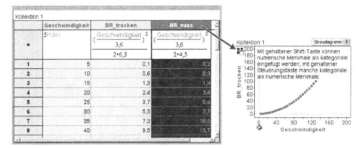

Wir haben nun eine Wertetabelle für zwei Bremsverzögerungen erstellt und in einer Graphik als Streudiagramm visualisiert:

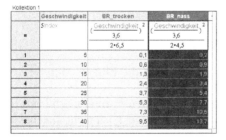
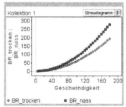

4.2.4 Berücksichtigung der Einheiten

Die Bremswegberechnung zu gegebenen Geschwindigkeiten haben wir zunächst ohne Berücksichtigung physikalischer Einheiten behandelt. Abschließend wollen wir die als Wertetabelle interpretierbare Datentabelle mit Einheiten ergänzen und uns an den Umrechnungsfähigkeiten von FATHOM erfreuen.

1. Öffnen Sie durch Rechtsklick in die Datentabelle das Kontextmenü und wählen Sie **Einheiten zeigen** aus. Direkt unter der Zeile der Merkmalsnamen erscheint die Einheitenzeile. Geben Sie nun in die Einheitenzelle unter dem Merkmal *Geschwindigkeit* km/h ein. Sogleich wird jeder Wert in der Spalte mit dieser Einheit versehen.

Kollektion 1				
	Geschwindigkeit	BR_trocken	BR_nass	
Einheiten	km/h			
$=$	5Index	$\dfrac{(\frac{\text{Geschwindigkeit}}{3,6})^2}{2 \cdot 6,5}$	$\dfrac{(\frac{\text{Geschwindigkeit}}{3,6})^2}{2 \cdot 4,5}$	
1	5 km/h	0,1	0,2	
2	10 km/h	0,6	0,9	
3	15 km/h	1,3	1,9	
4	20 km/h	2,4	3,4	
5	25 km/h	3,7	5,4	

2. Als Nächstes sind die Formeln der Merkmale anzupassen. Öffnen Sie dazu durch Doppelklick auf die Formelzelle des Merkmals *BR_trocken* den Formeleditor. Zunächst ist der Verzögerungsfaktor $b = 6,5$ mit der Einheit (m/s^2) zu versehen. Den Umrechnungsfaktor 3,6, der die Geschwindigkeit von (km/h) in (m/s) umgerechnet hat, benötigen wir jetzt nicht mehr, da FATHOM die Einheiten automatisch umwandelt. Passen Sie die Formel wie im Fenster gezeigt an.

Das Merkmal *BR_trocken* erhält automatisch die Einheit Meter.

ANMERKUNG: Nach der Modifikation der ersten Formel modifiziert FATHOM auch die Einheit von *BR_nass*. Da hier die Formel noch nicht angepasst wurde, erhält dieses Merkmal die Einheit (km^2/h^2) die natürlich unsinnig ist.

3. Passen Sie analog zu vorherigem Punkt 2 die Formel des Merkmals *BR_nass* an.

Schließlich erhalten wir eine Darstellung der berechneten Bremswege in ihren physikalischen Einheiten.

	Geschwindigkeit	BR_trocken	BR_nass
Einheiten	km/h	Meter	Meter
$\equiv$	$index$	$\dfrac{(\text{Geschwindigkeit})^2}{2 \cdot 6{,}5 \dfrac{m}{s^2}}$	$\dfrac{(\text{Geschwindigkeit})^2}{2 \cdot 4{,}5 \dfrac{m}{s^2}}$
1	5 km/h	0,1 m	0,2 m
2	10 km/h	0,6 m	0,9 m
3	15 km/h	1,3 m	1,9 m
4	20 km/h	2,4 m	3,4 m
5	25 km/h	3,7 m	5,4 m
6	30 km/h	5,3 m	7,7 m
7	35 km/h	7,3 m	10,5 m
8	40 km/h	9,5 m	13,7 m

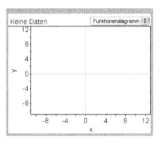

4.2.5 Funktionsgraphen

Anstatt den Bremsweg für bestimmte Geschwindigkeiten zu berechnen und diese in einem Bremsweg-Geschwindigkeits-Diagramm als Punkte zu visualisieren, können wir auch den Graphen des Funktionsterms des Bremsweges direkt plotten.

1. Ziehen Sie ein Graphikfenster aus der Symbolleiste in Ihren Arbeitsbereich und wählen Sie aus dem Pull-down-Menü **Funktionen-diagramm** aus.

2. Klicken Sie mit rechter Maustaste in das Graphikfenster und wählen Sie aus dem Kontextmenü **Funktion einzeichnen** aus. Im erscheinenden Editor geben Sie die Formel für den Bremsweg, wie in folgendem Bild dargestellt, ein. Dabei ist x die auf der x-Achse abgetragene Geschwindigkeit und b der Bremsverzögerungsfaktor.

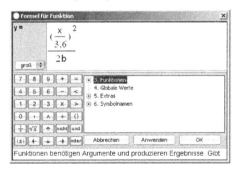

Die Funktionsgleichung erscheint unter dem Koordinatensystem gefolgt von dem Kommentar *(#Name nicht erkannt#)*. Dies liegt daran, dass FATHOM den Wert b noch nicht kennt.

3. Ziehen Sie aus der Symbolleiste einen Regler neben das Graphikfenster und nennen Sie den Regler von *V1* in b um.

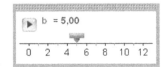

In der Formel im Graphikfenster erhält b dynamisch den Wert des Reglers.

4. Klicken Sie doppelt in das Graphikfenster um das Info-Fenster des Graphen zu öffnen. Um eine bessere Übersicht über den Verlauf des Funktionsgraphen zu erhalten, passen Sie die Werte wie in nebenstehender Abbildung dargestellt an.

Info Graph	
Eigenschaften	
Eigenschaft	**Wert**
xAnfang	0
xEnde	180
yAnfang	0
yEnde	600
xUmkehrS...	falsch
yUmkehrS...	falsch
xAutoNeu...	wahr
yAutoNeu...	wahr

Mit dem Regler lassen sich nun die unterschiedlichsten Werte für den Bremsverzögerungsfaktor b einstellen. In folgender Abbildung wurde ein Verzögerungsfaktor eingestellt, der bei Schneeglätte eine Rolle spielt. Es lässt sich etwa ablesen, dass man bei einer Geschwindigkeit von 120 km/h bei Schneefall einen Bremsweg von fast 400 Metern benötigt.

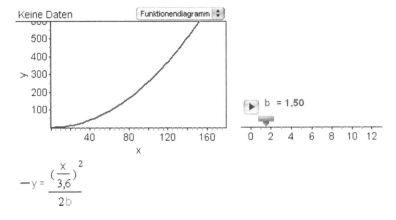

$$-y = \frac{(\frac{x}{3,6})^2}{2b}$$

5. Verschieben Sie b zu höheren Werten und beobachten Sie, wie sich der Funktionsgraph ändert. Wie zeigt sich, dass bei wachsendem b, Bremswege zu vorgegebener Zeit kleiner werden?

4.3 Beispiel – das Gazelle-Gepard-Problem

In diesem Abschnitt werden FATHOMs Möglichkeiten funktionale Zusammen-
hänge zu untersuchen vertieft. Wir betrachten auch, wie man Vorgänge direkt
durch Rekursionsformeln modellieren kann. Es wird rekursiv eine Wertetabelle erstellt und wir werden auf die didaktischen Möglichkeiten von Reglern
eingehen.

In der Savanne sieht ein Gepard 200 Meter von ihm entfernt eine Gazelle vorbeilaufen. Er verspürt ein Hungerge-
fühl und erblickt in der Gazelle eine schmackhafte Mahl-
zeit.

Wir wollen jetzt modellhaft berechnen, ob der Gepard die
Gazelle mit einem Sprint erreicht. Sobald er jedoch auf die
Gazelle zuläuft, erkennt diese die sich nähernde Gefahr und
flüchtet so schnell sie kann.

Legen wir folgende Daten zu Grunde: Der Gepard ist ein schneller Sprinter und
kann eine Geschwindigkeit von 110 km/h über eine Distanz von 450 Metern
beibehalten. Danach geht ihm langsam die Puste aus und er wird langsamer.
Um auf seine Spitzengeschwindigkeit zu beschleunigen, benötigt er auf einer
Distanz von 250 Metern 17 Sekunden. Die Gazelle kann ihre Höchstgeschwindigkeit von 60 km/h über 3 Kilometer halten.

4.3.1 Funktionale Betrachtung

Nähern wir uns der Problemstellung, ob der Gepard die Gazelle erreicht zunächst auf funktionalem Wege. Dazu entwickeln wir für jedes Tier einen funktionalen Zusammenhang zwischen Weg und Zeit. Es ist notwendig zur funktionalen Beschreibung ein Bezugspunkt zu definieren, zu dem die Entfernungen
der Tiere gemessen werden. Sind ab einem Zeitpunkt die Entfernungen gleich,
können wir davon ausgehen, dass der Gepard die Gazelle erreicht hat, da er
die Gazelle verfolgt und wohl in keine andere Richtung rennt. Den Bezugspunkt – sozusagen den Nullpunkt des Koordinatensystem – definieren wir an
der Stelle, auf der sich der Gepard zu Beginn der Verfolgungsjagd befindet.
Mit der Zeitmessung beginnen wir in dem Moment, zu dem der Gepard die
Gazelle erblickt und sich die Tiere in Bewegung setzen. Zum Zeitpunkt $x = 0$
hat der Gepard folglich eine Entfernung von 0 Metern zum Bezugspunkt und
die Gazelle 200 Meter. Stellen wir nun den funktionalen Zusammenhang zwischen der Zeit x und dem Weg y (der Entfernung zum Bezugspunkt) der Tiere
auf.

Die Gazelle läuft 60 km/h bzw. 60/3,6 m/s und hat zu Beginn der Verfolgungsjagd gegenüber dem Geparden einen Abstand von 200 Metern. Daraus

resultiert die Funktionsgleichung:

$$y = \frac{60}{3,6}\, x + 200.$$

Der Funktionswert y hat die Dimension Meter und x entsprechend Sekunden. Mit dieser Funktion lassen sich korrekte Ortsangaben der Gazelle berechnen, solange $y < 3000$ m ist, da die Gazelle ihre Höchstgeschwindigkeit nur über eine Distanz von maximal 3 km aufrechterhalten kann. Hieraus folgt mit kleiner Rechnung, dass die Funktion für Zeiten $0 \leq x \leq 168$ passend ist.

Der Gepard läuft 110 km/h bzw. 110/3,6 m/s. Um auf diese Geschwindigkeit zu kommen, benötigt er 17 Sekunden und hat in dieser Zeit eine Distanz von 250 Metern zurück gelegt. So ergibt sich für den Geparden folgende Funktionsgleichung:

$$y = \frac{110}{3,6}\, (x - 17) + 250.$$

Diese gilt ab $x = 17$, da zuvor der Gepard beschleunigt. Er hält seine Höchstgeschwindigkeit lediglich über eine Distanz von 450 Metern, die er in $450/(110/3,6) \approx 15$ Sekunden zurücklegt. Die Funktionsgleichung ist folglich nur für positive Zeiten kleiner als $17+15 = 32$ Sekunden ein passendes Modell.

Mit dieser Vorarbeit werden wir jetzt die Problemstellung mit FATHOM graphisch lösen.

1. Ziehen Sie einen Graphen aus der Symbolleiste in Ihren Arbeitsbereich. Oben rechts im Graphikfenster wählen Sie im Pull-down-Menü den Eintrag **Funktionendiagramm** aus. Es erscheint ein Koordinatensystem mit x- und y-Achse. Beachten Sie, dass sich die Achsenbeschriftung nicht direkt an den Achsen, sondern links daneben bzw. unterhalb der Graphikfläche befindet.

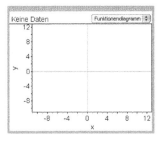

2. Klicken Sie mit der rechten Maustaste in das Graphikfenster um das Kontextmenü aufzurufen und wählen Sie daraus den untersten Eintrag **Funktion einzeichnen** aus. Der Formeleditor wird geöffnet. Geben Sie dort im Funktionsfenster hinter „$y =$" den Term für die Gazelle 60/3,6 x+200 ein und bestätigen mit der Return-Taste.

3. Der Funktionsterm erscheint unter dem Koordinatensystem, doch von der Funktion ist nichts zu sehen. Dazu sind die Achsen anzupassen. Bewegen Sie den Cursor auf den oberen Teil der y-Skala und ziehen Sie den Cursor bei gedrückter Maustaste ein wenig nach unten.

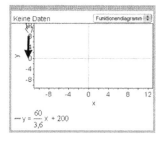

4. Die Achsen lassen sich so dynamisch anpassen. Spielen Sie ein bisschen mit dieser dynamischen Achsenskalisierung. Im Bild rechts wurde die y-Skala durch Ziehen so weit zusammengestaucht, dass der Funktionsgraph gut zu erkennen ist. Doch sollte auch die x-Skala an unseren Definitionsbereich angepasst werden.

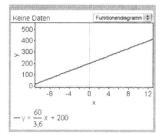

5. Modifizieren Sie durch Ziehen mit der Maus die x-Skala so, dass sie einen Bereich von 0 bis etwa 50 Einheiten darstellt – bis 168 Einheiten brauchen wir hier nicht zu gehen. Passen Sie die y-Skala entsprechend an, damit der Funktionsgraph auf ganzer Breite zu sehen ist.

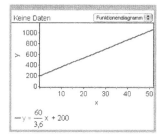

6. Wenn Sie mit dem Cursor über den Funktionsgraph wandern, erscheint darauf ein roter Punkt. Drücken Sie jetzt die linke Maustaste, zeigt Ihnen FATHOM die Koordinaten dieses Punkten auf dem Graphen an. Der Abbildung rechts ist zu entnehmen, dass nach etwa 40 Sekunden die Distanz von der Gazelle zum Bezugspunkt fast 870 Meter beträgt.

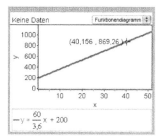

7. Analog zu obigem Vorgehen fügen Sie nun den Funktionsgraphen des Geparden in das Funktionendiagramm ein. Geben Sie als Funktionsterm 110/3,6 (x-17)+255 ein.

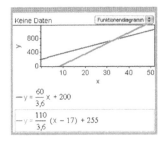

8. Die x-Skala ist noch dem Definitionsbereich des Geparden anzupassen. Dies wollen wir jetzt exakt durchführen. Klicken Sie doppelt in das Graphikfenster, um das Info-Fenster des Graphen zu öffnen. Geben Sie dort bei *xAnfang* den Wert 17 und bei *xEnde* den Wert 32 ein.

Eigenschaft	Wert
xAnfang	17
xEnde	32
yAnfang	241,359
yEnde	771,999
xUmkehrS...	falsch
yUmkehrS...	falsch
xAutoNeu...	wahr
yAutoNeu...	wahr

9. Um dieses Funktionendiagramm besser interpretieren zu können stellen Sie dynamisch eine geeignete Skalierung für die y-Werte ein.

Das Funktionendiagramm, angepasst an den größtmöglichen Definitionsbereich (der des Geparden), ließe sich nun wie folgt interpretieren:

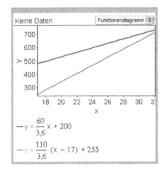

In dem Zeitraum, in dem uns verlässliche Daten vorliegen, erreicht der Gepard die Gazelle nicht. Nach 32 Sekunden ist der Gepard der Gazelle aber schon recht dicht auf den Hufen. Es bleibt Spekulation, ob der Gepard nach seinem 450 Meter Sprint noch so viel Energie hat um die Gazelle zu erwischen, oder ob sich seine Geschwindigkeit rapide verlangsamt und ihm die Gazelle davoneilt.

4.3.2 Rekursive Modellierung

Betrachten wir in diesem Abschnitt eine alternative Modellierung des Gazelle-Gepard-Problems. Wir erstellen eine Wertetabelle, in der sekundenweise die Entfernungen der Tiere zu dem Bezugspunkt (Startpunkt des Geparden) notiert werden. Laufen die Tiere mit ihrer Höchstgeschwindigkeit, so legen sie pro Zeiteinheit jeweils die gleiche Strecke zurück. Wir können folglich die Entfernung zum Zeitpunkt t_i bestimmen, indem wir auf die zuvor bestimmte

Entfernung zum Zeitpunkt t_{i-1} einfach die Strecke, die die Tiere jeweils in einer Sekunde zurücklegen, hinzuzählen. Eine solche Berechnungsvorschrift, bei der wir einen Vorgängerwert in die Berechnung des aktuellen Wertes mit einbeziehen, heißt rekursiv. Als Zeiteinheit wählen wir eine Sekunde.

Berechnen wir zunächst, wie viele Meter die Gazelle bzw. der Gepard in einer Sekunde zurücklegen:

Der Gepard läuft 110 Kilometer pro Stunde, d. h.:

$$1 \text{ h} \stackrel{\wedge}{=} 110 \text{ km},$$
$$\Rightarrow 1 \text{ s} \stackrel{\wedge}{=} \frac{110}{3600} \text{ km} = \frac{110}{3,6} \text{ m} \approx 30,56 \text{ m}.$$

Die Gazelle läuft 60 Kilometer pro Stunde, d. h.:

$$1 \text{ h} \stackrel{\wedge}{=} 60 \text{ km},$$
$$\Rightarrow 1 \text{ s} \stackrel{\wedge}{=} \frac{60}{3600} \text{ km} = \frac{60}{3,6} \text{ m} \approx 16,67 \text{ m}.$$

Berechnen wir exemplarisch für die Gazelle ein paar Entfernungen zum Bezugspunkt:

Zeit [s]	Entfernung zum Bezugspunkt [m]
0	200 $\qquad\qquad = 200$
1	200 $\quad +16{,}67 = 216{,}67$
2	216,67 $+16{,}67 = 233{,}34$
3	233,34 $+16{,}67 = 250{,}01$
4	250,01 $+16{,}67 = 266{,}68$

Die Berechnung der Entfernung zum Bezugspunkt erfolgt jeweils auf der zuletzt berechneten Entfernung. Obige Tabelle enthält natürlich Rundungsfehler. Diese Berechnungsmethode lässt sich in FATHOM mit der Funktion *VorgängerWert()* realisieren. Legen wir los und erstellen uns die entsprechende Wertetabelle.

1. Ziehen Sie aus der Symbolleiste eine Kollektion in Ihren Arbeitsbereich und benennen Sie diese in *Gazelle_Gepard* um.

2. Bei selektierter Kollektion ziehen Sie aus der Symbolleiste eine Datentabelle in Ihren Arbeitsbereich. Erstellen Sie ein Merkmal mit Namen *Zeit*. Blenden Sie die Formelzeile ein (Kontextmenü: **Formeln zeigen**) und öffnen Sie durch Doppelklick in die Formelzelle des soeben erstellten Merkmals *Zeit* den Formeleditor. Geben Sie dort Index ein und bestätigen Sie die Eingabe mit der Return-Taste. Fügen Sie der Kollektion 40 neue Fälle hinzu (Kontextmenü: **Neue Fälle. . .).**

Wir haben nun ein Zeit-Merkmal erstellt zu dem wir die Orte der Gazelle und des Geparden nach jeder abgelaufenen Sekunde zunächst für ein Zeitintervall von 40 Sekunden berechnen wollen. Berechnen wir nun die Orte der Gazelle:

3. Erzeugen Sie neben dem Merkmal *Zeit* ein neues Merkmal mit Namen *Entfernung_Gazelle*. Um die Formel dieses Merkmals zu editieren, öffnen Sie durch Doppelklick in die Formelzelle dieses Merkmals den Formeleditor und geben dort die Funktion VorgängerWert(Entfernung_Gazelle; 200) + 60/3,6 ein.

Die Funktion *VorgängerWert()* liefert den Wert der vorangehenden Zelle des als ersten Parameter übergebenen Merkmals zurück. Über einen zweiten Parameter kann optional ein Startwert übergeben werden. Zum Zeitpunkt Null befindet sich die Gazelle 200 Meter von dem Geparden entfernt. Diese Entfernung ist als Startwert zu berücksichtigen. Sie läuft alsdann sofort mir ihrer Höchstgeschwindigkeit davon. Wie oben berechnet legt sie folglich pro Sekunde eine Entfernung von $60/3,6 \approx 16,37$ Metern zurück. Diese ist auf den Vorgängerwert zu addieren.

Bei der Ortsberechnung des Geparden ist zu beachten, dass wir nur wissen, dass er die ersten 250 Meter in 17 Sekunden zurücklegt und dabei auf eine Geschwindigkeit von 110 km/h gekommen ist. Wir können folglich in dieser Zeitspanne keine konkrete Aussage über den genauen Ort des Geparden aufstellen und tragen deshalb in die Wertetabelle „fehlende Werte" ein. Diese

Gegebenheit setzen wir mit der *transform*-Anweisung von FATHOM in eine Formel um, mit der wir die möglichen Fälle unterscheiden können:

Bedingung	Wert
Zeit < 17	" " (fehlender Wert)
Zeit $= 17$	250
Zeit > 17	Entfernung_Gepard zum vorangegangenen Zeitpunkt $+\frac{110}{3,6}$

4. Erzeugen Sie ein neues Merkmal mit Namen *Entfernung_Gepard*. Fügen Sie diesem Merkmal analog zu obigem Vorgehen die Berechnungsformel, wie im unteren Formelfenster zu sehen ist, hinzu.

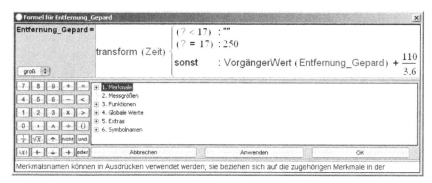

ANMERKUNG: Hilfe zur Formeleingabe: Geben Sie zunächst `transform(` in das Formelfenster ein. Das weitere Gerüst des *transform*-Befehls erscheint automatisch. Geben Sie `Zeit` in die runden Klammern hinter *transform* ein und betätigen Sie daraufhin die Tabulator-Taste, um mit dem Cursor in die oberste runde Klammer nach der geschweiften Klammer zu springen. Tippen Sie an dieser Stelle <17 ein, das rötliche Fragezeichen erscheint automatisch. Drücken Sie abermals die Tabulator-Taste, um hinter den Doppelpunkt zu springen. Dort geben Sie einmal doppelte Hochkommata ein – das andere Paar erscheint automatisch. Drücken Sie nun Strg-Return, um eine weitere Bedingungszeile hinzuzufügen in der Sie in die runden Klammern =17 und hinter den Doppelpunkt 250 eingeben. Nach dem Doppelpunkt der unteren Bedingungszeile geben Sie `VorgängerWert(Entfernung_Gepard+110/3,6)` ein. Wird bei der Eingabe der Formel das Formelfenster zu klein, ziehen Sie es an den Rändern größer.

Der Gepard hält die Höchstgeschwindigkeit 450 Meter bei, also sind nach 700 Metern bzw. nach 32 Sekunden (wie in folgender Tabelle abzulesen ist) die Entfernungsangaben unzuverlässig.

Gazelle_Gepard

=	Zeit	Entfernung_Gazelle	Entfernung_Gepard	<neu>
	Index	VorgängerWert (Entfernung_Gaz)	transform (Zeit) $\begin{cases} (?<17) : "" \\ (?=17) : 250 \\ \text{sonst} : \text{VorgängerWert} \end{cases}$	
15	15	450		
16	16	466,667		
17	17	483,333	250	
18	18	500	280,556	
19	19	516,667	311,111	
20	20	533,333	341,667	
21	21	550	372,222	
22	22	566,667	402,778	
23	23	583,333	433,333	
24	24	600	463,889	
25	25	616,667	494,444	
26	26	633,333	525	
27	27	650	555,556	
28	28	666,667	586,111	
29	29	683,333	616,667	
30	30	700	647,222	
31	31	716,667	677,778	
32	32	733,333	708,333	
33	33	750	738,889	
34	34	766,667	769,444	
35	35	783,333	800	
36	36	800	830,556	
37	37	816,667	861,111	

In der Tabelle sehen wir, dass der Gepard die Gazelle zwischen der 34. und 35. Sekunde einholen würde. Da unser Modell aber nur Aussagen über die ersten 32 Sekunden macht, bleibt uns verborgen, ob der Gepard tatsächlich die Gazelle erreicht, da wir nicht wissen, wie schnell der Gepard nach seinem Sprint noch weiter laufen kann. Die Frage lässt sich folglich nicht beantworten. Würde der Gepard seine Höchstgeschwindigkeit lediglich zwei Sekunden länger aufrecht halten können, wäre es um die Gazelle geschehen, wie in obiger Tabelle in der dunkel hinterlegten Zeile abzulesen ist.

Schauen wir uns noch das Streudiagramm an.

5. Ziehen Sie einen Graphen aus der Symbolleiste in Ihren Arbeitsbereich. Bewegen Sie aus der Datentabelle das Merkmal *Zeit* auf die horizontale Achse des Graphen und das Merkmal *Entfernung_Gazelle* auf die vertikale Achse.

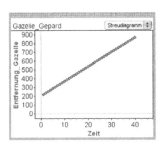

6. Um das Merkmal *Entfernung_Gepard* auch in dem Streudiagramm darzustellen, ziehen Sie es auf die vertikale Achse des Graphen (die Maustaste noch nicht loslassen). Im oberen Bereich der Achse erscheint ein Pluszeichen über dem das Merkmal abzulegen ist. Für nähere Angaben siehe etwa vorigen Abschnitt 4.2.3 auf Seite 97.

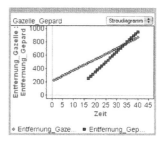

Dieses Streudiagramm liefert natürlich wie auch die Datentabelle für Zeitwerte nach 32 Sekunden keine zuverlässigen Ortsangaben für den Geparden.

4.3.3 Variation der Parameter

In diesem Abschnitt wollen wir uns mit folgenden Fragestellungen beschäftigen:

a) Welcher Vorsprung darf der Gazelle höchstens gewährt werden, damit der Gepard sie in seinem Sprint noch erreicht?

b) Mit welcher Geschwindigkeit hätte die Gazelle vor dem Geparden zu flüchten, damit sie nach einer halben Minute noch einen Vorsprung von 100 Metern hat?

Ohne weiteres ließen sich die Aufgaben algebraisch lösen. Wir wollen aber von dieser Lösungsmethode absehen und die gesuchten Werte durch Variation der entsprechenden Parameter in den Funktionstermen auf graphische Weise bestimmen. FATHOMs Schieberegler sind für diese Aufgabe das ideale Werkzeug. Bei der Lösung dieser Aufgaben greifen wir auf die erstellte Graphik aus Abschnitt 4.3.1 zurück.

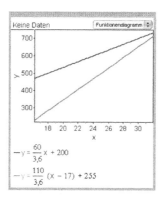

Betrachten wir zunächst Fragestellung a). Um diese zu lösen, ersetzen wir in der Funktionsgleichung der Gazelle den Vorsprungswert 200 durch einen Parameter, der durch einen Regler variiert werden kann. Dieser ist dann dynamisch so anzupassen, dass sich die Geraden kurz vor 32 Sekunden schneiden.

Es sollte klar sein, dass wir mit dieser Vorgehensweise nur eine angenäherte Lösung erhalten, die uns aber bei der Problemstellung völlig hinreichend ist.

1. Ziehen Sie einen Regler aus der Symbolleiste in Ihren Arbeitsbereich und tippen Sie
   Vorsprung ein, um der Reglervariablen *V1*
   einen neuen Namen zu geben.

2. Klicken Sie doppelt in das Reglerfenster, um
   dessen Info-Fenster zu öffnen. Geben Sie bei
   *Ende_* den Wert 300 ein und schließen Sie das
   Fenster. Der Maximalwert der Skala beträgt
   nun 300. Alternativ hätten Sie die Reglerskala auch dynamisch durch Ziehen an selbiger
   stauchen können.

3. Im Graphikfenster mit den beiden Funktionsgraphen klicken Sie doppelt auf den oberen Funktionsterm, dem der Gazelle, um den
   Formeleditor zu öffnen. Ersetzen Sie die 200
   durch den Parameter **Vorsprung**. Dieser erscheint dann in rotbräunlicher Schriftfarbe.
   Bestätigen Sie ihre Eingabe durch Drücken
   der Return-Taste.

Die Voreinstellung des Reglers beträgt 5. Dieser
Wert wird an den Funktionsterm übergeben und
der Graph ändert sich dementsprechend. Bei so
wenig Vorsprung hätte der Gepard die Gazelle
nach etwa 19 Sekunden erreicht, wie leicht aus
dem Funktionendiagramm abzulesen ist. (Dieser
Wert sollte nicht so ernst genommen werden. Der
Gepard hätte wohl in der realen Welt bei einem
Vorsprung von 5 Metern die Gazelle wesentlich
früher erreicht.)

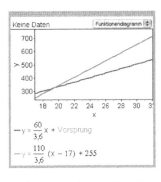

4. Drücken Sie auf den Animationsbutton im Reglerfenster oder ziehen Sie
   direkt an dem Regler, um einen Wert zu erhalten, bei dem sich die Funktionsgraphen kurz vor dem x-Wert 32 Sekunden schneiden. Dieser stellt
   die Lösung von Frage a) dar. Dabei sehen Sie, wie der Graph der Gazelle
   sich dynamisch verändert.

In folgender Abbildung wurde ein Vorsprung von 176 Metern eingestellt. Würde man die Achsenskalierung noch verfeinern, damit der Schnittpunkt deutli-
cher sichtbar ist, wäre noch eine genauere Angabe möglich.

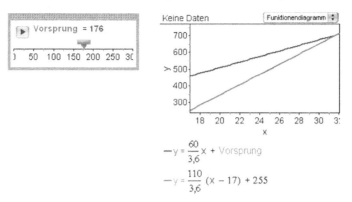

Nach unseren Erkundungen darf die Gazelle einen Vorsprung von höchstens 176 Metern haben, damit der Gepard sie in seinem Sprint noch erreicht.

Betrachten wir nun Frage b), mit welcher Geschwindigkeit die Gazelle vor dem Geparden zu flüchten hätte, damit sie nach einer halben Minute noch einen Vorsprung von 100 Metern hat.

5. Stellen Sie den Regler *Vorsprung* wieder auf 200 ein, um der Gazelle wieder ihren alten Vorsprung zu gewähren. Erstellen Sie sich einen neuen Regler mit Namen *VGazelle*, stellen Sie einen Wert von 60 ein und ersetzen sie in der oberen Funktionsgleichung die 60 durch den Reglernamen. Folgende Abbildung illustriert die Ausgangssituation.

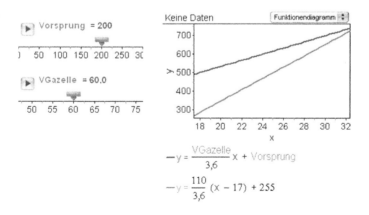

Wir interessieren uns nur für den Zeitpunkt von 30 Sekunden nach Start der Verfolgungsjagd und wählen für bessere Untersuchungsbedingungen einen kleineren Ausschnitt auf der x-Achse. Zudem zeichnen wir uns noch eine vertikale Gerade als Hilfslinie bei $x = 30$ ein.

6. Klicken Sie doppelt an eine freie Stelle im Funktionendiagramm um das Info-Fenster zu öffnen. Geben Sie hinter *xAnfang* den Wert 29, bei *xEnde* den Wert 31 und bei *yAnfang* den Wert 600 ein, so dass die Skalierung der Achsen angepasst wird. Den Wert hinter *yEnde* können Sie so belassen. Schließen Sie das Info-Fenster.

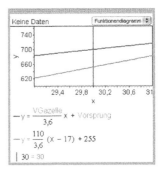

7. Klicken Sie mit der rechten Maustaste in das Graphikfenster und wählen Sie aus dem Kontextmenü **Wert einzeichnen**. Geben Sie im Formeleditor 30 ein und betätigen Sie die Return-Taste.

8. Um die Entfernung des Geparden nach 30 Sekunden zu bestimmen, bewegen Sie den Cursor auf den Schnittpunkt der Hilfsgeraden und der Geraden des Geparden. Wenn Sie die linke Maustaste drücken, werden ihnen die Koordinaten angezeigt. Wie in nebenstehender Abbildung zu sehen, hat der Gepard nach 30 Sekunden etwa einen Weg von 652 Metern zurückgelegt.

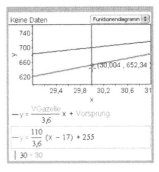

Die Gazelle sollte also eine Entfernung von etwa 752 Metern nach 30 Sekunden zum Bezugspunkt haben. Um den Regler genauer justieren zu können, erstellen wir uns zunächst eine horizontale Gerade als Hilfslinie bei dem Wert 752.

9. Klicken Sie mit der rechten Maustaste in
das Graphikfenster und wählen Sie aus dem
Kontextmenü **Funktion einzeichnen** (nicht
Wert einzeichnen). Geben Sie im Formele-
ditor 752 ein und betätigen Sie die Return-
Taste.

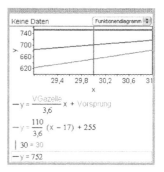

10. Bewegen Sie nun den Regler *VGazelle* bis der Funktionsgraph der Gazelle
durch den Schnittpunkt der beiden Hilfslinien läuft. Dann hat die Gazelle
nach 30 Sekunden den gewünschten Vorsprung.

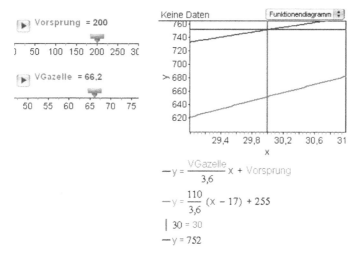

Wie in obiger Abbildung zu sehen ist, sollte die Gazelle etwa 66,2 km/h laufen,
um nach einer halben Minute einen Abstand zum Geparden von 100 Metern
zu haben.

5

Daten und funktionale Zusammenhänge

Dieses Kapitel beschäftigt sich mit den statistischen Zusammenhängen zweier numerischer Merkmale, die man standardmäßig in einem zweidimensionalen Streudiagramm darstellt. Sie lernen passende Funktionen an die Daten anzupassen, und zwar mit verschiedenen Werkzeugen:

- interaktive Anpassung mit beweglichen Geraden,
- Anpassung von Funktionen, die Parameter enthalten, die man über Regler verändern kann,
- Kontrolle der Anpassungsgüte über Residuen-Diagramme,
- Statistische Anpassungsmethoden: Methode der kleinsten Quadrate (kQ-Gerade) und die Ausreißer-robuste Median-Median-Gerade,
- Verwendung des FATHOM-Objekts *Modell*, um Modelle an Daten anzupassen, zu nutzen und zu bewerten.

In diesem Kapitel werden verschiedene Datensätze benutzt, die sich auf der Fathom-CD befinden. Wählen Sie im Menü **Hilfe>Materialien dt. Version**, und Sie werden auf die Datensätze und andere Materialien geführt.

5.1 Interaktive Anpassung von Funktionen an Daten – Residuendiagramme

1. Öffnen Sie die Datei *Radiosonde.ftm* und lassen Sie sich eine Datentabelle der Kollektion *Radiosonde_Start* anzeigen.

Radiosonde_Start		
	Zeit	**Ballonhöhe**
Einheiten	Sekunden	Meter
1	10,2 s	228 m
2	18,4 s	271 m
3	26,2 s	313 m
4	34,4 s	356 m
5	42,9 s	400 m
6	51 s	443 m
7	59,4 s	487 m
8	68,8 s	531 m
9	77,6 s	575 m
10	86,4 s	620 m
11	95,2 s	664 m

Um den Steigungsverlauf qualitativ beurteilen zu können, visualisieren wir die Daten in einem Streudiagramm.

2. Ziehen Sie eine neue Graphik von der Symbolleiste in Ihren Arbeitsbereich. Ziehen Sie die *Zeit* auf die horizontale Achse, die *Ballonhöhe* auf die vertikale Achse. Es entsteht ein Streudiagramm. Öffnen Sie das Info-Fenster durch Doppelklick in einen freien Bereich des Graphen und stellen Sie die Punktgröße auf 7.

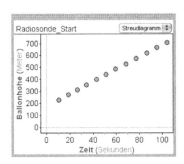

Der Ballon befindet sich offenbar auf 227 m Höhe und beginnt nahe bei 10 Sekunden nach dem Nullzeitpunkt zu steigen. Der Steigungsverlauf sieht linear aus: Der Ballon steigt mit konstanter Geschwindigkeit.

3. Wählen Sie aus dem Kontextmenü der Graphik **Bewegliche Gerade einzeichnen**. Es wird eine Gerade in das Streudiagramm eingezeichnet. Die Gleichung dieser Gerade wird angegeben – übrigens mit korrekten Einheiten für alle Koeffizienten.

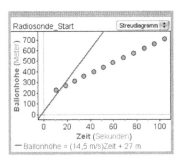

4. Bewegen Sie den Cursor über die Gerade. Je nach Position auf der Geraden nimmt er verschiedene Formen an, die anzeigen, ob Sie die Gerade verschieben oder drehen können. Klicken Sie auf die Gerade und bewegen Sie sie zu den Punkten, um eine möglichst gute Anpassung nach Augenmaß zu bekommen. Sie könnten z. B. die nebenstehende Lage der Gerade gewählt haben.

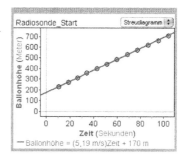

Sie haben sicher beobachtet, dass sich die Gleichung dynamisch mit ändert.

Die Übereinstimmung sieht sehr gut aus. Der Ballon steigt mit 5,19 m/s. Diese Gerade ist ein gutes Modell erst ab 10 Sekunden, darunter beschreibt es die Daten nicht richtig. Bei der visuellen Beurteilung der Anpassungsgüte entgehen einem oft wichtige Feinheiten, deshalb ist es immer sinnvoll, sich die Residuen anzusehen – die Abweichungen zwischen Modell und Daten

$$r_i := y_i - f(x_i),$$

wobei $f(x)$ die eingezeichnete Funktion darstellt.

5. Wählen Sie aus dem Kontextmenü des Graphen **Residuendiagramm herstellen**. Sie erleben eine Überraschung:

Systematische Abweichungen werden sichtbar. Die Abweichungen sind alle positiv, in den ersten 60 Sekunden zeigt sich in den Residuen ein zusätzlicher Trend nach oben, in der folgenden Zeit ein Trend nach unten.

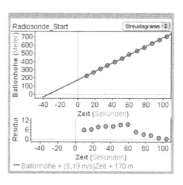

6. Bewegen Sie die bewegliche Gerade mit dem Cursor und beobachten Sie das Residuendiagramm. Dies ist dynamisch mit der Geraden und den Daten verbunden. Ändern Sie die bewegliche Gerade, solange bis Sie eine bessere Übereinstimmung erreichen. Bemühen Sie sich dabei, vor allem in den ersten 60 Sekunden eine gute Übereinstimmung zu erzielen. Ändern Sie ggf. den y-Achsen-Ausschnitt des Residuendiagramms über das Info-Fenster des Graphen. Beispielsweise könnten Sie die nebenstehende Anpassung vornehmen.

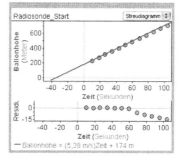

Man sieht, dass die anfängliche durchschnittliche Geschwindigkeit bei 5,28 m/s liegt, dann aber abrupt abnimmt.

Wir wollen nun den weiteren Verlauf untersuchen. Auf Ihrer Arbeitsfläche haben Sie sicher schon einen Regler a entdeckt, dessen Bedeutung Sie vielleicht bisher noch nicht erkannt haben.

7. Ziehen Sie das Fenster des Kollektions-Ikons größer. Sie sehen, dass a für einen Filter benutzt wurde. Nur die Zeit bis 100 Sekunden wurde im unteren Diagramm dargestellt.

8. Schieben Sie nun den Regler auf höhere Werte und beobachten Sie das Streudiagramm. Bei $a = 1000$ Sekunden sieht das Bild folgendermaßen aus. Dieser Reglereinsatz simuliert gleichsam das Erheben weiterer Daten und kann dazu dienen die Gültigkeit eines Modells zu prüfen, das zunächst nur auf eine Teilmenge der Daten angepasst wurde.

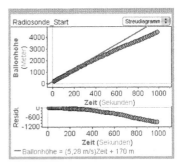

9. Wählen Sie aus dem Kontextmenü **Bewegliche Gerade hinzufügen**, um eine weitere Gerade hinzuzufügen. Passen Sie diese Gerade Nr. 2 so an, dass sie dem Verlauf der Daten ab ca. 500 Sekunden gut angepasst ist. Korrigieren Sie die erste bewegliche Gerade Nr. 1, so dass sie etwa bis 300 Sekunden eine gute Anpassung darstellt. Das Residuendiagramm bezieht sich immer auf die gerade ausgewählte Gerade. Sie könnten z. B. die folgenden Graphiken erhalten. Das linke Diagramm enthält die Residuen für die steilere Gerade Nr. 1. Das rechte Diagramm enthält die Residuen für die Gerade Nr. 2.

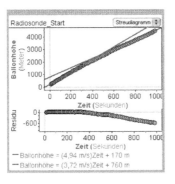
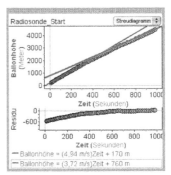

Wir können die Bewegung zusammenfassen: Die relativ konstante Geschwindigkeit in den ersten 300 Sekunden beträgt etwa 5 m/s, nach einer Übergangszeit pendelt sich die Geschwindigkeit auf etwa 3,7 m/s ein.

5.2 Kurvenanpassung über Regler

Statt bewegliche Geraden einzuzeichnen, hätte man auch eine Funktion $y = mx + b$ einzeichnen können. Für die Parameter hätte man Regler wählen können, über die dann die interaktive Anpassung an die Daten gesteuert werden kann. Diese Methode ist die einzige in FATHOM, wenn man andere als lineare Funktionen anpassen will.

Bei der Suche im Internet sind wir auf eine Seite mit Daten zum freien Fall gestoßen[1]. Wir haben diese URL einfach in einen leeren Arbeitsbereich von FATHOM gezogen. Es entsteht automatisch eine FATHOM-Tabelle (siehe Import von Daten aus dem Internet in der FATHOM-Hilfe). Wir haben die Daten in das metrische System umgerechnet und auf zwei Merkmale *Fallhöhe* und *Zeit* gekürzt.

1. Öffnen Sie die Datei *Freier Fall*, ziehen Sie das Merkmal *Zeit* auf die waagerechte Achse und das Merkmal *Falltiefe* auf die senkrechte Achse.

2. Passen Sie eine Funktion vom Typ $a\,x^2$ an, indem Sie einen Regler in den Arbeitsbereich ziehen. Benennen Sie ihn in a, ändern Sie die 5 in 4 m/s^2. Die Variable muss die Einheiten einer Beschleunigung haben.

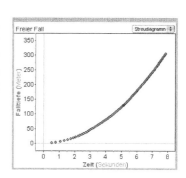

3. Wählen Sie aus dem Kontextmenü des Graphen **Funktion einzeichnen** und geben Sie den Term $a \cdot x^2$ ein. Diese Funktion liegt systematisch tiefer als die Daten.

---

[1] http://www.jfk.herts.sch.uk/class/science/science/rollerc/tab1.htm

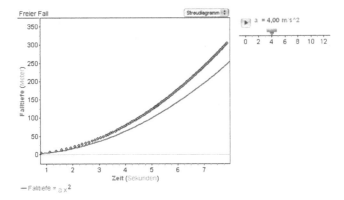

4. Verändern Sie nun *a* solange, bis Sie eine gute visuelle Übereinstimmung erreichen. Bei $a = 5{,}00$ m/s^2 erhalten Sie eine perfekt aussehende Übereinstimmung.

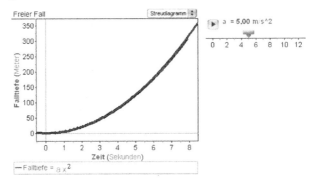

5. Wählen Sie im Kontextmenü **Residuendiagramm herstellen** aus. Sie sehen hier jetzt wieder systematische Abweichungen, die man nicht erwartet.

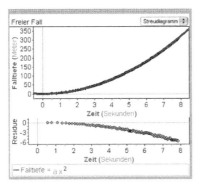

6. Sie müssen nun den Regler sensibel anpassen. Stellen Sie den Cursor über die Achse des Reglers und drücken Sie die Strg-Taste. Es erscheint eine Lupe mit Pluszeichen. Drücken Sie jetzt mehrfach in die Nähe von 5 und

dieser Bereich wird herausgezoomt. Sie können einen neuen Bereich auch über das Info-Fenster des Reglers einstellen. Versuchen Sie mit diesem fein eingestellten Regler die Anpassung zu verbessern. Orientieren Sie sich dabei am Residuendiagramm, denn im Datengraph sind die Änderungen praktisch nicht mehr sichtbar. Sie könnten folgenden Zustand erreichen mit $a = 4{,}908\,\mathrm{m/s\hat{\ }2}$:

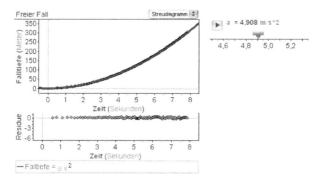

Dies stimmt gut mit dem physikalischen Gesetz überein, dass $y = g/2t^2$ mit der Erdbeschleunigung $g = 9{,}81\ \mathrm{m/s\hat{\ }2}$ ist.

7. Zoomen Sie in die Residuen hinein, indem Sie in dem Info-Fenster der Residuen den Bereich von $-0{,}6$ bis $+0{,}6$ einstellen: Sie erhalten ein merkwürdiges Muster: Die Streuung der Residuen nimmt zu, das ist nicht unerwartet bei größer werdenden Zahlen (vielleicht bleibt aber die relative Messgenauigkeit konstant). Die systematisch schwankenden Abweichungen bleiben aber ein Rätsel, das wir nicht lösen können. Vielleicht liegt es an dem Messverfahren.

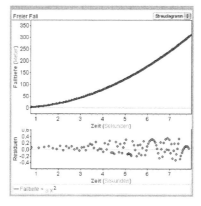

5.3 Anpassung von Geraden nach der Methode der kleinsten Quadrate

5.3.1 Einzeichnen im Streudiagramm; Residuenanalyse

Wir wollen den Zusammenhang zwischen Körpergröße und Körpergewicht am Beispiel der Muffins-Daten untersuchen.

1. Öffnen Sie dazu den reduzierten Datensatz *muffinsKap5.ftm*. Ziehen Sie das Merkmal *Größe* auf die horizontale Achse und das Merkmal *Gewicht* auf die vertikale Achse. Sie erhalten ein Streudiagramm.

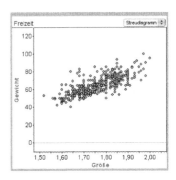

In dieses Diagramm eine Augenmaßgerade einzupassen, ist nicht so einfach. Wir zeichnen deshalb die optimale Gerade nach der Methode der kleinsten Quadrate ein.

2. Wählen Sie aus dem Kontextmenü der Graphik **kQ-Gerade** aus.

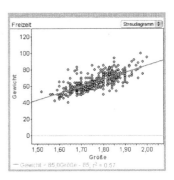

Die Geradengleichung lautet *Gewicht* = 85·*Größe* − 85. (Wir rechnen in diesem Beispiel ohne Einheiten.) Anschaulich bedeutet das: Ändert sich die Größe um 0,01 m also um 1 cm, so kann man im Durchschnitt mit 0,85 kg, also 850 g mehr Gewicht rechnen.

Der Wert r^2 gibt das Quadrat des Pearsonschen Korrelationskoeffizienten an und kann als Anteil der noch nicht durch das Modell erklärten Varianz interpretiert werden.

3. Wählen Sie aus dem Kontextmenü **Residuendiagramm herstellen**.

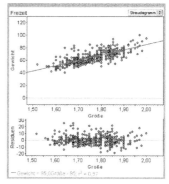

Die Residuen wirken unauffällig. Für eine weitere Analyse wollen wir die Residuen in einer Spalte der Tabelle notieren.

4. Gehen Sie zur Datentabelle und ersetzen Sie in der letzten Spalte den Spaltenkopf *<neu>* durch *Residuen*. Öffnen Sie im Kontextmenü **Formel bearbeiten**. Im Listenfenster des Formeleditors wählen Sie **Funktionen>Statistik>Zwei Merkmale>linRegResidual**.

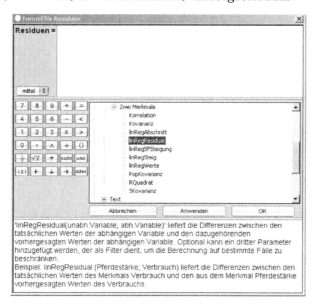

5. Doppelklicken Sie auf diese Funktion und vervollständigen Sie sie zu `linRegResidual(Größe; Gewicht)`. Es wird eine Spalte mit den Residuen in die Datentabelle eingefügt.

6. Legen Sie analog eine Spalte mit den Modellwerten der Regression an. Benennen Sie die Spalte mit *ModellGewicht* und wählen Sie im Listenfenster des Formeleditors **Funktionen>Statistik>Zwei Merkmale>linRegWerte** aus.

MuffinsGrößeGewicht							
	Name_	Geschl...	Alter	Größe	Gewicht	Residuen	ModellGewicht
=						linRegResidual (Größe; Gewicht)	linRegWerte (Größe; Gewicht)
1	A	männlich	17	1,88	70	-4,5295	74,5295
2	AB XY	weiblich					
3	Abby	weiblich	17	1,7	56	-3,22232	59,2223
4	Adidas-g...	weiblich	17	1,7	51	-8,22232	59,2223
5	Agneta	weiblich	17	1,8	75	7,27369	67,7263
6	Ailton	männlich	16	1,9	80	3,7697	76,2303

Die Summe *ModellGewicht* + *Residuen* ergibt natürlich das *Gewicht*. Mit dem Modellgewicht wird das Gewicht anhand der Körpergröße vorhergesagt.

Wir schauen uns nun die Verteilung der Residuen an, die wir jetzt darstellen können, da sie als Daten explizit in der Tabelle stehen.

7. Ziehen Sie das Merkmal *Residuen* in eine leere Graphik auf die horizontale Achse. In das entstehende Punktdiagramm zeichnen Sie den arithmetischen Mittelwert ein (Kontextmenü: **Wert einzeichnen**).

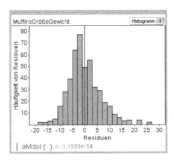

Es gibt also durchaus Fehlvorhersagen mit bis zu ±20 kg auf Basis der Körpergröße. Das arithmetische Mittel der Residuen müsste nach der Theorie der Methode der kleinsten Quadrate exakt gleich 0 sein. Der angegebene Wert von $-1,5 \cdot 10^{-14}$ ergibt sich aus Rundungsfehlern.

Wir interessieren uns, wo die mittleren 90% der Residuen liegen. Dazu zeichnen wir das 5%-Perzentil und das 95%-Perzentil ein (vgl. Kapitel 2).

8. Wählen Sie aus dem Kontextmenü **Wert einzeichnen** und geben Sie in den Formeleditor zunächst die Formel `Perzentil(5;)` ein. Es erscheint dann automatisch *Perzentil(5;?)*. Fügen Sie entsprechend die Formel *Perzentil(95;)* hinzu.

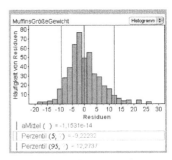

Bei 90% der Gewichtsvorhersagen liegen die Abweichungen (Residuen) zwischen −9,25 kg und +12,25 kg. Diese Asymmetrie ist vielleicht etwas überraschend. Grob gesagt können wir also bei 90% der Personen aus der Körpergröße das Gewicht mit einer Genauigkeit von etwa ±10 kg vorhersagen.

Wir haben jetzt ein einheitliches Modell für die Männer und Frauen konstruiert, die sich ja in diesen beiden Merkmalen doch deutlich unterscheiden.

Sagen wir eigentlich das Männergewicht und Frauengewicht gleich genau aus der jeweiligen Körpergröße voraus?

9. Löschen Sie zunächst die beiden eingezeichneten Perzentile in der voranstehenden Graphik. Ziehen Sie dann das Merkmal *Geschlecht* auf die vertikale Achse
um einen Vergleich nach Gruppen durchzuführen (vgl. Kapitel 3). Wählen Sie
aus dem Pull-down-Menü den Graphiktyp
Boxplot.

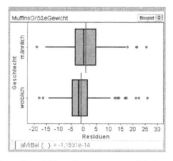

Wir sehen, dass unser Modell die Frauengewichte im Mittel etwas zu klein schätzt (negative Residuen), die Männergewichte eher etwas zu groß (positive Residuen).

Wir wiederholen die Analyse für Frauen und Männer getrennt.

10. Kehren Sie zur Ausgangsgraphik zurück, in
der *Gewicht* gegen *Größe* geplottet war.
Ziehen Sie das Merkmal *Geschlecht* in das
Zentrum der Graphik.

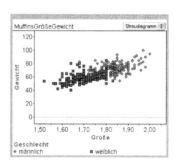

Mit dem *Geschlecht* wird ein drittes Merkmal
in die Analyse einbezogen. Es wird hier als Legendenmerkmal interpretiert. Sie sehen in der
Graphik die sich überlappenden Punktwolken
für die beiden Geschlechter.

11. Wenn Sie jetzt aus dem Kontextmenü **kQ-
Gerade** wählen, werden automatisch getrennte Graden für diese beiden Teilgruppen eingezeichnet.

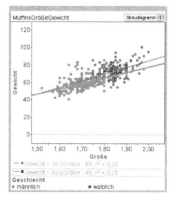

Die Gerade der Frauen ist flacher als die der Männer, beide Geraden sind flacher als die Gesamtgerade. Die Schlussfolgerungen aus den Modellen können jetzt präzisiert werden. Bei Frauen sind um 1 cm größere Frauen im Durchschnitt um 626 g schwerer, um 1 cm größere Männer sind im Durchschnitt 765 g schwerer. Die steilere Gesamtgerade liefert verzerrte Vorhersagen, da die Verschiebung der Männerpunktwolke gegenüber der Frauenpunktwolke zu der größeren Steilheit der globalen Modellgerade beigetragen hat.

Wir könnten jetzt noch die jeweiligen Residuenverteilungen ermitteln und vergleichen. Wir würden jetzt bei Berücksichtigung der jeweiligen Modelle nicht mehr solche Unterschiede wie unter Punkt 9 bekommen.

5.3.2 Nutzung des statistischen Objektes „Modell"

1. Ziehen Sie ein leeres Modell aus der Symbolleiste in Ihren Arbeitsbereich.

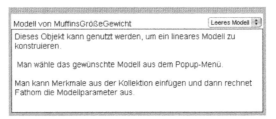

2. Wählen Sie nun aus dem Popup-Menü oben rechts die Option **Einfache Regression** und ziehen Sie das Merkmal *Größe* in die zweite Zeile zu *Unabhängiges Merkmal*. Ziehen Sie das Merkmal *Gewicht* auf die erste Zeile zu *Abhängiges Merkmal*. Öffnen Sie das Fenster so weit, dass Sie alle Informationen sehen.

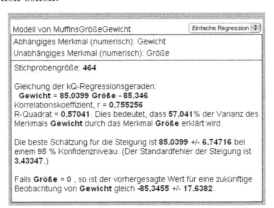

Das Fenster zeigt u. a. wieder die Gleichung der kQ-Geraden und den Wert von r^2 an. Es kommen weitere Informationen hinzu, die für die beurteilende Statistik wichtig sind und auf spezifischen stochastischen Voraussetzungen beruhen.

Man nimmt an, dass ein linearer Zusammenhang besteht und dass für alle Stellen x_i der Messfehler normalverteilt ist mit einer Standardabweichung σ, die für alle x_i gleich ist. Unter diesen Voraussetzungen kann man Konfidenzintervalle für den Steigungsparameter angeben, z. B. ein 95%-Konfidenzintervall mit dem Bereich $85{,}0399 \pm 6{,}74716$. Die Zahl 6,74716 ist das 1,96fache des Standardfehlers des Steigungsparameters (hier 3,43347). Den Standardfehler der Steigung se_{Steigung} errechnet man aus den Daten (x_i, y_i) und der Modellgleichung $y = m\,x + b$ als

$$se_{\text{Steigung}} = \sqrt{\frac{1}{n-2} \sum_{i=1}^{n} (y_i - (m\,x_i + b))^2 \Big/ \sum_{i=1}^{n} (x_i - \bar{x})^2}\;.$$

Dies wird in der Theorie der linearen Regression näher begründet. Der Faktor, mit dem man den Standardfehler multipliziert, ergibt sich als 97,5%-Perzentil der t_{n-2}-Verteilung, die hier gut mit der Standardnormalverteilung übereinstimmt, so dass sich hierfür der bekannte Wert 1,96 errechnet.

Sie können in dem obigen *Modell*-Objekt die 95% editieren, also sich auch Konfidenzintervalle zu anderen Sicherheitswahrscheinlichkeiten anzeigen lassen.

Am Ende des Feldes sind Vorhersagen mit Schwankungsbreiten für verschiedene Werte der Körpergröße möglich. Diese beruhen auch auf der Berechnung mit stochastischen Annahmen.

3. Ändern Sie die 0 in 1,8 um. Ferner schalten Sie im Kontextmenü die Darstellung **Ausführlich** ab. Ein Klick auf diese Option entfernt das Häkchen automatisch. Es wird dann auf eine Kurzform der Darstellung umgeschaltet, die im Folgenden gezeigt wird.

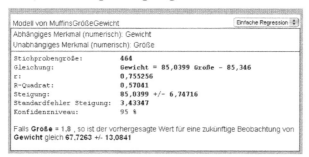

Für eine Körpergröße von 1,80 Metern können wir im Rahmen des stochastischen Modells ein Gewicht von $67{,}73 \pm 13{,}08\,\text{kg}$ voraussagen.

5.3.3 Exploration der kQ-Geraden und weitere Methoden

Wir wollen Eigenschaften der kQ-Geraden untersuchen. Öffnen Sie die Datei *Olympia_bis_2004.ftm*, die seit 1896 für mehrere Leichtathletikdisziplinen die

Zeiten der Gewinner/innen angibt (bzw. Weiten und Höhen beim Springen etc.).

1. Ziehen Sie eine neue Graphik in Ihren Arbeitsbereich und platzieren Sie das Merkmal *Jahr* auf der horizontalen Achse und das Merkmal *M_ 100Meter* auf der vertikalen Achse. Es entspricht der Zeit, die der jeweilige Goldmedaillengewinner über 100 m für diese Strecke benötigte. Sie erhalten das linke Streudiagramm. Abgesehen vom Start bei 1896 sieht die Entwicklung erstaunlich linear aus.

2. Duplizieren Sie die Graphik und fügen Sie dann über das Kontextmenü eine *kQ-Gerade* hinzu.

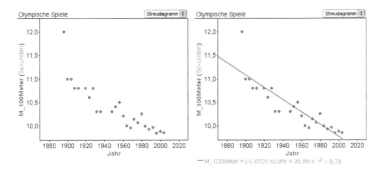

Die Gerade gibt die Leistungssteigerung in der Periode von 1896 bis 2004 eigentlich erstaunlich gut wieder, erstaunlich, weil wir natürlich wissen, dass es nicht immer so linear weiter gehen kann. Der y-Achsenabschnittsparameter ist nicht direkt interpretierbar (Zeit für 100 m bei Christi-Geburt? Wohl kaum!). Die Steigung $-0{,}0131$ s pro Jahr kann man auch als $-0{,}0524$ s pro Olympiade (= Zeitspanne von 4 Jahren zwischen den Spielen) also etwa 5/100 Sekunden pro Olympiade umrechnen.

Die kQ-Gerade wird durch die Minimierung der Summe der quadratischen Residuen bestimmt. Man kann sich bei der fertigen Geraden den jeweiligen Beitrag zur Summe der Residuenquadrate anzeigen lassen.

3. Wählen Sie **Abweichungsquadrate zeigen** aus dem Kontextmenü der Graphik.

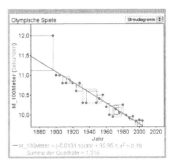

Der sehr große Beitrag vor allem des ersten Punktes wird visualisiert. Wenn der Punkt bei 1896 näher bei der Geraden, z.B. bei 11,3 Sekunden gelegen hätte, dann würde die Gerade flacher ausfallen. Wir überprüfen dies.

4. Entfernen Sie über das Kontextmenü die angezeigten Abweichungsquadrate. Klicken Sie mit der Maus auf den Punkt bei 1896 und ziehen Sie am Punkt bei gedrückt gehaltener Maustaste. Ziehen Sie den Punkt senkrecht in Richtung des Wertes 11. Sollte sich der Punkt nicht bewegen lassen, müssen Sie zuvor bei selektierter Graphik im Menü **Kollektion>Ermögliche Werteänderung im Graphen** anschalten. Beobachten Sie dann, wie sich die kQ-Gerade in Abhängigkeit von der Lage des Punktes dynamisch ändert. Die Abbildung rechts zeigt die Konfiguration mit dem Punkt (1896; 11,25).

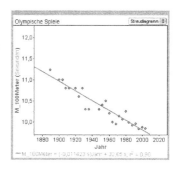

Während diese Werteveränderung zu explorativen Zwecken sehr nützlich ist, kann dies u. U. doch zu einer problematischen und unbeabsichtigten Veränderung authentischer Daten führen.

5. Wählen Sie aus dem Menü **Bearbeiten>Rückgängig>Punkt verschieben**, um die Ausgangsdaten wieder herzustellen. Wählen Sie ein zu der Kollektion gehörendes Objekt aus und dann im Menü **Kollektion>Verhindere Werteänderung im Graphen**. Hierdurch wird die Veränderungsmöglichkeit von Daten in Graphen für alle Graphen der aktuellen Kollektion solange abgeschaltet, bis sie über diesen Menüpunkt wieder angeschaltet wird.

Der „Ausreißer" bei 1896 beeinflusst den Verlauf der kQ-Geraden sehr stark. Wir vergleichen jetzt diese kQ-Geraden mit einer weiteren kQ-Geraden, zu deren Berechung wir das Jahr 1896 ausgeschlossen haben.

6. Gehen Sie auf das Diagramm unter Punkt 2 (rechts) zurück und wählen Sie aus dem Kontextmenü **Residuendiagramm herstellen**. Sie erhalten die Abbildung unten links.

7. Duplizieren Sie dieses Diagramm und wählen Sie aus dem Kontextmenü **Filter hinzufügen**. Geben Sie im Formeleditor den Filter `Jahr>1896` ein. Sie erhalten das Diagramm unten in der Mitte. Zur dritten Gerade kommen wir später.

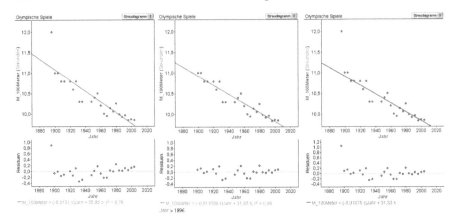

Die Gerade ohne das erste Jahr verläuft erwartungsgemäß flacher. Sie hat auch insofern „bessere" Residuen, als diese ungleichmäßig um die Nulllinie streuen. Die kQ-Gerade links erzeugt Residuen, die noch einen deutlichen Trend nach oben erkennen lassen (wenn man vom ersten Punkt absieht). Die Gerade in der Mitte gibt eigentlich ein besseres zusammenfassendes Bild über die Leistungssteigerung als die Gerade links.

Die kQ-Geraden sind empfindlich gegenüber Ausreißern. Bei Daten mit Ausreißern empfehlen sich deshalb auch robuste Methoden der Geradenanpassung. FATHOM bietet dazu die einfache *Median-Median-Gerade* an.

8. Duplizieren Sie die Graphik mit der kQ-Geraden oben links. Entfernen Sie die kQ-Gerade, indem Sie im Kontextmenü die angehakte Option **kQ-Gerade** anklicken und damit löschen. Wählen Sie dann **Median-Median-Gerade** aus dem Kontextmenü. Nachdem diese eingezeichnet wurde, wählen Sie aus dem Kontextmenü **Residuendiagramm herstellen**. Sie erhalten das rechte Diagramm oben.

Zur Berechnung der *Median-Median-Gerade* wurden alle Daten einbezogen, die Berechung wird dabei von Ausreißern wenig beeinflusst. Die Gerade ist sehr ähnlich der kQ-Gerade ohne den Wert bei 1896, auch bei ihr haben die Residuen keinen Trend nach oben.

Die *Median-Median-Gerade* wird kurz gesagt folgendermaßen konstruiert. Man teilt das Diagramm in 3 Streifen, die jeweils – so gut es geht – ein Drittel der Punkte enthalten sollen. In diesen drei Streifen wird jeweils der Median der x-Werte $m_x^{(i)}$ und der der y-Werte $m_y^{(i)}$ bestimmt und die drei Punkte $(m_x^{(1)}, m_y^{(1)})$, $(m_x^{(2)}, m_y^{(2)})$ und $(m_x^{(3)}, m_y^{(3)})$ zur Bestimmung der Geraden genutzt: Sie wird durch die beiden äußeren Punkte gezeichnet und dann parallel in Richtung des mittleren Punktes verschoben, zu dem sich der Abstand auf 2/3 des ursprünglichen verkürzen soll.

Wir nutzen FATHOM, um die Konstruktion der *Median-Median-Gerade* an einem künstlichen Beispiel zu prüfen.

9. Geben Sie die unten stehende Wertetabelle ein. Ziehen Sie dann die Merkmale X und Y auf die horizontale bzw. vertikale Achse eines leeren Graphen. Wählen Sie aus dem Kontextmenü **Median-Median-Gerade**. Sie erhalten folgendes Diagramm.

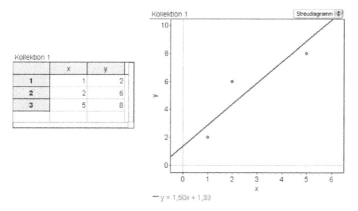

Sie sehen, dass der mittlere Punkt den doppelten Abstand zu der Geraden hat wie die beiden Randpunkte. In diesem Extremfall sind diese drei Punkte identisch mit den drei Median-Median-Punkten, die intern berechnet werden, da jede der drei Teilgruppen nur aus einem Punkt besteht.

10. Bewegen Sie nun den mittleren Punkt der Graphik, indem Sie ihn mit der Maus anklicken und dann bei gedrückter Maustaste verschieben. Beobachten Sie wie sich die Gerade bewegt, aber die Relation der Abstände eingehalten wird.

5.3.4 Simulation und Geradenschätzung

Stellen Sie sich vor, zwischen zwei Größen Y und X bestehe die Beziehung $Y = 3X + 5$. Wenn man aber die Größe Y zu bestimmten Werten von X misst, erhalte man aber immer $Y = 3X + 5 + $ *Messfehler*. Welche Beziehung zwischen X und Y zeigt sich dann in den Daten?

Wir simulieren die Situation, indem wir für den Messfehler eine gleichverteilte Zufallszahl aus dem Intervall von -4 bis 4 wählen. FATHOM stellt dafür das Kommando *Zufallszahl(-4;4)* zur Verfügung. Wir greifen hier auf Ideen zurück, die Sie ausführlicher in Kapitel 6 kennen lernen. Ggf. kommen Sie auf diesen Abschnitt nach der Lektüre von Kapitel 6 wieder zurück.

1. Ziehen Sie eine neue Kollektion in Ihren Arbeitsbereich. Öffnen Sie das Info-Fenster und geben Sie zwei Merkmale mit Formeln wie folgt ein:

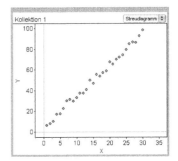

2. Fügen Sie nun 30 Fälle hinzu, indem Sie die *Kollektion 1* selektieren und aus dem Kontextmenü **Neue Fälle...** wählen. Fügen Sie 30 Fälle hinzu.

3. Ziehen Sie nun das Merkmal X auf die horizontale und das Merkmal Y auf die vertikale Achse einer aus der Symbolleiste in Ihren Arbeitsbereich hinein gezogenen leeren Graphik. Sie werden etwa ein solches Bild erhalten wie rechts. Die Daten schwanken zufällig um die theoretische Gerade.

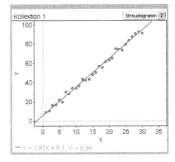

4. Wählen Sie aus dem Kontextmenü **kQ-Gerade**, um sie einzuzeichnen. Drücken Sie Strg+Y, um den Zufall zu erneuern. Beobachten Sie, wie sich die Werte ändern und um eine sich leicht ändernde Gerade schwanken.

Sie sehen, dass wir die Parameter der theoretischen Gerade natürlich nur annähernd schätzen können und dass sich die Schätzung zufallsabhängig ändert.

5. Öffnen Sie das Info-Fenster der Kollektion und geben Sie auf der Registerkarte **Messgrößen** die folgende Bezeichnung und Formel ein (vgl. auch Kapitel 2 und 6).

Unter der Bezeichnung *Steigung* wird jetzt die Steigung der gerade im Diagramm ermittelten kQ-Geraden berechnet.

6. Schließen Sie das Info-Fenster, selektieren Sie die Kollektion und wählen Sie aus dem Menü **Kollektion>Messgrößen sammeln**. Es entsteht eine neue Kollektion *Messgrößen von Kollektion 1*, in der im Merkmal *Steigung* die Werte der Steigung aus fünf Simulationen gesammelt wurden.

7. Öffnen Sie das Info-Fenster der Kollektion *Messgrößen von Kollektion 1* und machen Sie die unten stehenden Einstellungen. Drücken Sie **OK**. Es werden 995 weitere Simulationen durchgeführt und insgesamt somit 1000mal die Steigung der kQ-Geraden ermittelt.

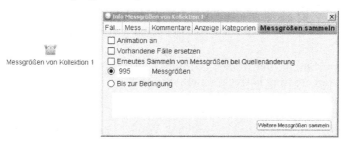

8. Öffnen Sie im Info-Fenster die Registerkarte **Fälle** und ziehen Sie das einzige Merkmal *Steigung* in einen aus der Symbolleiste in Ihren Arbeitsbereich gezogenen leeren Graphen. Stellen Sie diesen auf den Graphiktyp **Histogramm** und zeichnen Sie den Mittelwert und den Mittelwert plus/minus die Standardabweichung ein (Kontextmenü: **Wert einzeichnen**).

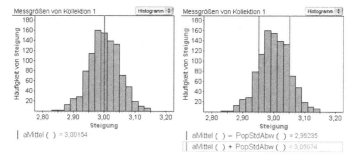

Im Mittel schätzen wir also den wahren Steigungsparameter 3 sehr genau, die Daten bewegen sich sehr nahe an 3. Es variiert die Schätzung mit einer Standardabweichung von etwa 0,05.

Über diese Simulation können wir:

- die geschätzte Steigung als Zufallsgröße erleben,
- über deren Standardabweichung indirekt etwas über die Ungenauigkeit lernen, mit der man die wahre Steigung aus den Daten schätzen kann.

Eine solche Simulation kann als anschaulicher Hintergrund genommen werden, um die Theorie zu verstehen, auf deren Basis im statistischen Objekt *Modell* die Konfidenzintervalle bestimmt werden. Allerdings setzt man dabei i. d. R. voraus, dass der Messfehler normalverteilt ist und nicht, dass er wie bei unserem Beispiel gleichverteilt im Intervall von -4 bis $+4$ ist. Wir haben bewusst einmal eine andere Messverteilung genommen, um die Leistungsfähigkeit der

Simulation zu demonstrieren, mit der auch Nicht-Standardfälle behandelbar werden.

Dass die obige Stichprobenverteilung der Steigung (trotzdem) nahezu perfekt normalverteilt ist, kann man am besten mit dem *Normalquantil-Diagramm* erkennen (vgl. Kapitel 7).

9. Löschen Sie in der linken Graphik unter Punkt 18 die Formel, indem Sie mit der rechten Maustaste auf die Formel klicken und dann die entsprechende Option aus dem Kontextmenü wählen. Wandeln Sie dann den Diagrammtyp über das Pull-down-Menü in **Normalquantil-Diagramm** um.

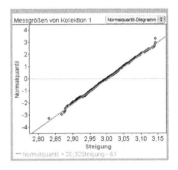

Die nahezu perfekte Lage der Daten auf der geraden Linie signalisiert eine sehr gute Übereinstimmung mit einer Normalverteilung.

6

Simulation einfacher Zufallsexperimente

In FATHOM lassen sich viele Zufallsexperimente simulieren. Je nach Fragestellung und Art des Experiments kann man die Simulation in FATHOM unterschiedlich umsetzen. Bei einer simultanen Simulation werden die Teilexperimente eines Zufallsexperiments in Spalten umgesetzt, d. h. die Ergebnisse der einzelnen Teilexperimente werden in je einer Spalte repräsentiert. Bei der sequenziellen Simulation werden die Ergebnisse der einzelnen Teilexperimente dagegen in Zeilen repräsentiert. Eine dritte Umsetzungsart ist die Simulation durch Stichprobenziehungen. Wir betrachten hier zu den verschiedenen Umsetzungsarten jeweils ein Beispiel, an dem die Vor- und Nachteile der jeweiligen Umsetzungsart deutlich werden sollen.

Im Kern geht es dabei oft um folgendes Vorgehen:
Es wird zunächst 1) ein Zufallsexperiment festgelegt, dann 2) eine Zufallsgröße, z. B. als Messgröße definiert, 3) wird das Zufallsexperiment n-mal wiederholt und 4) dann die empirische Verteilung der Zufallsgröße ermittelt. Aus der Verteilung der Zufallsgröße können schließlich 5) einzelne Wahrscheinlichkeiten über relative Häufigkeiten oder einzelne Kennzahlen wie der Erwartungswert über das arithmetische Mittel geschätzt werden. Die Verteilung der relativen Häufigkeiten nähert sich aufgrund der Gesetze der großen Zahl an die theoretisch bestimmte Wahrscheinlichkeitsverteilung der jeweiligen Zufallsgrößen an.

Mit der Möglichkeit zufallsabhängige Messgrößen zu definieren und diese dann wiederholt zu sammeln ist ein vielfältiges Modellierungspotential gegeben.

Wenn Sie mit FATHOMs Formeleditor ein i. A. mehrstufiges Zufallsexperiment definieren können und dann die interessierende Zufallsgröße als Messgröße, die jedem Ergebnis des mehrstufigen Experiments eine Zahl oder ein anderes Ergebnis zuordnet, sind alle Wahrscheinlichkeiten approximativ über die Simulation zu ermitteln.

Tabelle 6.1. Übersicht der Beispiele

Beispiel	Zufallsexperiment	Zufallsgröße
Multiple-Choice-Test	Raten beim Test aus n Fragen	Anzahl richtiger Lösungen
Würfel	mehrfacher Würfelwurf	Augensumme; Anzahl der Würfel mit Augenzahl = 6; Anzahl verschiedener Zahlenwerte
Muffins-Daten	Zufallsstichprobe von 20 Personen	Mittleres Gewicht in der Stichprobe von 20
KENO	Ziehen von 20 aus 70 ohne Zurücklegen	Anzahl richtig getippter Zahlen; Nettogewinn
Briefe	10 Briefe zufällig in 10 Umschläge	Anzahl richtig eingetüteter Briefe
Würfeln	Warten bis zur ersten 6	Wartezeit bis zur ersten 6
Zufallsversuch	Zufallsversuch mit variabler Wahrscheinlichkeit	

6.1 Simultane Simulation – 3maliges Ziehen von Kugeln aus einer Schachtel

Besteht ein Zufallsexperiment aus einer kleineren Anzahl an gleichen oder auch aus verschiedenen Teilexperimenten oder ist man vor allem an der Reihenfolge von Ergebnissen der Teilexperimente interessiert, so kann gut die simultane Simulation zur Umsetzung verwendet werden. Für eine größere Anzahl an gleichen Teilexperimenten verwendet man besser die in Abschnitt 6.2 beschriebene sequenzielle Simulation.

Nehmen wir folgendes Beispiel: In einer Schachtel liegen zwei rote und drei blaue Kugeln. Aus der Schachtel werden mit Zurücklegen drei Kugeln gezogen. Zunächst betrachten wir nur das Ereignis E: „Beim dritten Zug wird rot gezogen".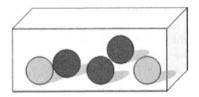

1. Erstellen Sie eine neue Kollektion *Schachtel*. Öffnen Sie das Info-Fenster und fügen Sie drei Merkmale *Zug1*, *Zug2* und *Zug3* hinzu.

2. Öffnen Sie mit einem Doppelklick in die Formelzelle des Merkmals *Zug1* den Formeleditor. Geben Sie `ZufallsWahl` („R";„R";„B";„B";„B") ein. Bestätigen Sie die Formel mit der Return-Taste.

Die Funktion *ZufallsWahl()* gibt zufällig einen ihrer Einträge mit jeweils gleicher Wahrscheinlichkeit aus. Die Argumente der Funktion repräsentieren hier den Inhalt der Schachtel, wobei *R* für eine rote und *B* für eine blaue Kugel steht. Beachten Sie, dass Buchstaben oder Zeichenketten in Anführungszeichen stehen müssen, Zahlen allerdings nicht.

Da die Züge aus der Schachtel mit Zurücklegen sind, kann man die Formel des ersten Merkmals auch für die Definition der anderen beiden Merkmale verwenden.

3. Klicken Sie mit der rechten Maustaste auf die Formel des Merkmals *Zug1* und wählen Sie aus dem Kontextmenü **Formel kopieren**. Klicken Sie anschließend auf die Formelzellen der Merkmale *Zug2* und *Zug3* und fügen Sie die Formel über das Kontextmenü **Formel einfügen** ein.

Nun sind alle Voraussetzungen für eine Simulation des Zufallsexperiments geschaffen.

4. Markieren Sie die Kollektion und wählen Sie **Kollektion>Neuer Fall...** Bestätigen Sie in der erscheinenden Dialogbox die voreingestellte Eins.

Die Kollektion enthält nun einen Fall, der die Simulation des dreimaligen Ziehens einer Kugel aus der Schachtel repräsentiert. In diesem Fall wurden drei blaue Kugeln gezogen. Um die Simulation einige Male neu durchzuführen, markieren Sie die Kollektion und drücken Sie Strg+Y.

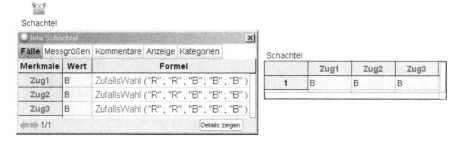

Für die Umsetzung des Ereignisses E: „Beim dritten Zug wird rot gezogen" definieren wir ein weiteres Merkmal, das die Auswertung der Simulation erleichtert.

5. Erstellen Sie ein Merkmal E mit der Formel $Zug3 = \text{``R``}$.

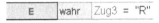

Die Formel des Merkmals E überprüft, ob der Wert des Merkmals *Zug3* ein R ist. Wenn die Bedingung nicht zutrifft, wird der Wert *falsch* ausgegeben, wenn sie allerdings zutrifft der Wert *wahr*.

Wir werden die Simulation nun noch einige Male wiederholen, um die Wahrscheinlichkeit schätzen zu können, mit der das Ereignis eintritt.

6. Markieren Sie die Kollektion und wählen Sie **Kollektion>Neuer Fall...** Geben Sie in das erscheinende Dialogfeld 4999 ein.

Schachtel

	Zug1	Zug2	Zug3	E
1	R	R	B	falsch
2	B	B	B	falsch
3	R	R	R	wahr
4	R	R	B	falsch
5	B	R	R	wahr
6	B	R	R	wahr
7	B	B	B	falsch

Nun haben Sie das Zufallsexperiment insgesamt 5000mal simuliert. Sie können der Kollektion noch weitere Fälle hinzufügen, aber immer höchstens 5000.

Um die simulierten Daten auszuwerten, können Sie eine Graphik oder eine Auswertungstabelle nutzen.

7. Ziehen Sie aus der Symbolleiste eine neue Auswertungstabelle in Ihren Arbeitsbereich und anschließend das Merkmal E auf die Auswertungstabelle. Da es sich bei E um ein kategoriales Merkmal handelt, erscheint die Formel *Anzahl()*, die die Anzahl der Fälle einer Merkmalsausprägung angibt.

8. Fügen Sie über das Kontextmenü **Formel hinzufügen** der Auswertungstabelle noch eine weitere Formel hinzu. Geben Sie in den Formeleditor `Anzahl()/Gesamtanzahl` ein.

Für eine Visualisierung können Sie das Merkmal E auch als Säulendiagramm darstellen.

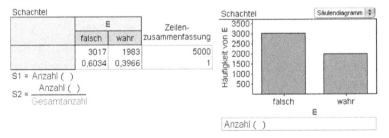

Die theoretische Wahrscheinlichkeit für das Eintreten des Ereignisses E ist $P(E) = 2/5$. Mit der Simulation von 5000 Wiederholungen haben wir uns mit der relativen Häufigkeit von $39,9\%$ gut an den theoretischen Wert angenähert.

Eine weitere Möglichkeit das Merkmal E in einer Tabelle auszuwerten, besteht in der Nutzung der Funktion *Anteil()*.

9. Ziehen Sie eine Auswertungstabelle aus der Symbolleiste in Ihren Arbeitsbereich. Ziehen Sie anschließend den Namen der Kollektion auf die Auswertungstabelle (dadurch werden in der Auswertungstabelle die Merkmale der Kollektion erkannt). Fügen Sie über das Kontextmenü **Formel hinzufügen** die Formel *Anteil(E = wahr)* hinzu.

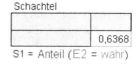

Mit *und-* und *oder*-Verknüpfungen können Sie relativ einfach viele weitere Ereignisse definieren. Betrachten wir ein weiteres Beispiel.

10. Definieren Sie ein weiteres Merkmal $E2$ durch die Formel *(Zug1 = "R")* oder *(Zug2 = "R")*.

Schachtel

	Zug1	Zug2	Zug3	E	E2
=	Zufall	Zufall	Zufall	Zug3 = "R"	(Zug1 = "R") oder (Zug2 = "R")
1	B	B	B	falsch	falsch
2	B	B	R	wahr	falsch
3	B	B	B	falsch	falsch
4	R	B	R	wahr	wahr

Die Wahrscheinlichkeit für $E2$ ist nicht mehr so ganz offensichtlich wie von E. Überlegt man sich zunächst theoretisch die Wahrscheinlichkeit, kann man sie mit dem simulierten Ergebnis überprüfen. Das Ereignis $E2$ kann man auf zwei Ergebnisse reduzieren, nämlich: der erste Zug ist „rot", der zweite und dritte sind egal und der erste Zug ist „blau", der zweite Zug ist „rot" und der dritte Zug ist egal. Die Wahrscheinlichkeit für das erste Ergebnis, rot im ersten Zug, beträgt 2/5, und die Wahrscheinlichkeit für das zweite Ergebnis beträgt $3/5 \cdot 2/5 = 6/25$. Die gesuchte Wahrscheinlichkeit setzt sich nun aus diesen beiden Einzelwahrscheinlichkeiten zusammen und ist $P(E2) = 0,64$. Überprüfen wir diese an unseren simulierten Daten.

11. Ersetzen Sie in der Auswertungstabelle, die Sie unter 9. erstellt haben einfach das Merkmal E durch das Merkmal $E2$, indem Sie mit einem Doppelklick auf die Formel $S1$ den Formeleditor öffnen und dort hinter das E eine 2 eingeben. Schließen Sie den Formeleditor mit der Return-Taste.

Schachtel

	0,6368

S1 = Anteil (E2 = wahr)

Die simulierte relative Häufigkeit beträgt in dieser Simulation 0,637. Auch hier haben wir uns mit dem simulierten Ergebnis gut an den theoretischen Wert angenähert.

Für verschiedene andere Ereignisse ist es manchmal sinnvoll ein Hilfsmerkmal zu definieren, dass die drei Züge in einem Merkmal zusammenfasst.

12. Erstellen Sie ein weiteres Merkmal *Serie* mit der Formel *verkette (Zug1; Zug2; Zug3)*.

Das Merkmal *Serie* fasst die drei Züge aus der Schachtel durch die Funktion *verkette()* in einem Merkmal zusammen. Die Funktion *verkette()* hängt die Merkmalswerte der Merkmale aneinander, die in der Funktion eingetragen sind.

Interessant ist nun auch ein Blick auf die Verteilung des Merkmals *Serie* zu werfen. Mit einem solchen Hilfsmerkmal lassen sich vor allem längere Zeichenketten gut auf bestimmte Merkmale hin auswerten. Beispielsweise kann man nun einfach überprüfen, ob in der Zeichenkette verschiedene Kombinationen von Folgen enthalten sind. Dies ließe sich mit *und-* und *oder-* Verknüpfungen, besonders bei längeren Zeichenketten nur schwierig realisieren.

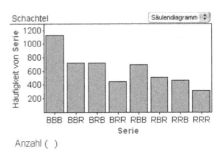

Stellen wir uns die Frage wie wahrscheinlich es ist, dass mindestens einmal zwei blaue Kugeln hintereinander gezogen wurden.

13. Erstellen Sie noch ein weiteres Merkmal *E3* mit der Formel *beinhaltet(Serie;"BB")*.

| Serie | BBR | verkette (Zug1; Zug2; Zug3) |
| E3 | wahr | beinhaltet (Serie; "BB") |

Diese Formel überprüft nun, ob das Merkmal *Serie* die Folge „BB", egal an welcher Position, enthält. Weitere Funktionen, die man auf eine solche Zeichenkette anwenden kann, finden sich im Listenfenster des Formeleditors unter **Funktionen>Text**.

Für die Auswertung ersetzen Sie in der Auswertungstabelle einfach *E2* durch *E3*. Wir können die Wahrscheinlichkeit durch die relative Häufigkeit auf 0,5 schätzen, die sich wiederum dem theoretischen Wert $P(E3) = 0{,}504$ gut annähert.

Schachtel

	0,4998

S1 = Anteil (E3 = wahr)

6.2 Sequenzielle Simulation – Multiple-Choice-Test

Die sequenzielle Umsetzung eines Zufallsexperiments in FATHOM ist dann möglich, wenn das Zufallsexperiment aus mehreren gleichen, unabhängigen Teilexperimenten besteht.

Wir nehmen nun die folgende Aufgabe:
Betrachten Sie die beiden folgenden Tests, bei denen der Prüfling entweder *ja* oder *nein* ankreuzen kann: Test 1 besteht aus 10 Fragen. Test 2 besteht aus 20 Fragen. Beide Tests sind bestanden, wenn mindestens 60% der Fragen richtig beantwortet sind. Bei welchem der beiden Test hat ein Prüfling größere Chancen zu bestehen, wenn er nur rät?

Viele Personen schätzen diese Wahrscheinlichkeit als gleichwahrscheinlich ein. Manche haben aber auch die intuitive Vermutung, dass Test 10 leichter durch Raten zu bestehen ist als Test 20, da der Anteil richtig beantworteter Fragen bei größerer Fragenanzahl näher beim theoretischen Wert von 0,5 liegt.

Zuerst simulieren wir das zufällige Ausfüllen des kleinen Tests mit 10 Fragen.

1. Erstellen Sie eine neue Kollektion *Test 10* mit einem Merkmal *FrageTest10* und 10 Fällen.

2. Definieren Sie das Merkmal *FrageTest10* über die Formel: *ZufallsWahl ("richtig";"falsch")* und öffnen Sie zur Darstellung eine Datentabelle.

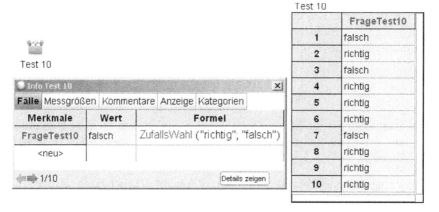

Für jeden der 10 Fälle wird nun zufällig entweder der Wert „richtig" oder der Wert „falsch" erzeugt. Über die Definition einer Messgröße werden wir die Anzahl der richtig beantworteten Fragen auswerten. Die Messgröße entspricht hier dem, was in der Stochastik Zufallsgröße genannt wird.

3. Wechseln Sie im Info-Fenster der Kollektion auf die Registerkarte **Messgrößen**. Geben Sie bei *<neu>* Anz_richtige_Fragen ein.

4. Öffnen Sie mit einem Doppelklick auf die Formelzelle der neuen Messgröße den Formeleditor und geben Sie die Formel `Anzahl(FrageTest10 =
"richtig")` ein.

Info Test 10			✕
Fälle **Messgrößen** Kommentare Anzeige Kategorien			
Messgröße	**Wert**	**Formel**	
Anz_richtige_Fragen	8	Anzahl (FrageTest10 = "richtig")	
<neu>			

Die Messgröße bestimmt die Anzahl der Werte des Merkmals *FrageTest10*,
die den Wert *richtig* enthalten. Eine Messgröße bezieht sich immer auf die
gesamte Spalte eines Merkmals. In diesem Beispiel wurden acht von zehn
Fragen richtig beantwortet. Im Folgenden werden wir den Test nun 5000mal
simulieren und für jede Simulation die Messgröße sammeln. Dieser Vorgang
ist in FATHOM automatisiert.

5. Markieren Sie die Kollektion *Test 10* und wählen Sie **Kollektion>Mess-
größen sammeln**.

Es werden nun automatisch fünf Messgrößen gesammelt. D. h. FATHOM führt
die Simulation des Ausfüllens eines Tests fünfmal durch und registriert für
jede Simulation den Wert der definierten Messgröße. Die gesammelten Ergebnisse werden in einer neuen Kollektion *Messgrößen von Test 10* abgelegt, die
FATHOM automatisch erstellt. Das Sammeln von Messgrößen wird durch das
Fliegen grüner Bälle von der Ursprungskollektion zur Messgrößenkollektion
animationstechnisch unterstützt.

Test 10   Messgrößen von Test 10

6. Markieren Sie die Messgrößenkollektion und ziehen Sie eine Datentabelle
aus der Symbolleiste, um sich die gesammelten Messgrößen anzeigen zu
lassen.

Jeder eingetragene Wert ist die simulierte Anzahl richtig beantworteter Fragen
eines Tests.

7. Öffnen Sie mit einem Doppelklick auf die Messgrößenkollektion das Info-
Fenster der Kollektion *Messgrößen von Test 10*.

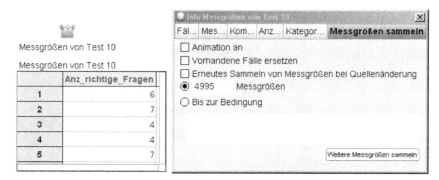

8. Ersetzen Sie die voreingestellte 5 durch 4995 und schalten Sie die Animation aus. Drücken Sie anschließend auf **Weitere Messgrößen sammeln**.

Insgesamt haben wir nun 5000 Messgrößen gesammelt.

ANMERKUNG: Wenn Sie vergessen haben die Animation auszuschalten, können Sie den Vorgang mit der Esc-Taste abbrechen. Klicken Sie die Option **Vorhandene Fälle ersetzen** an, so werden alle schon gesammelten Messgrößen durch die neuen ersetzt.

Wir berechnen nun für den Test mit den 10 Fragen die gefragte relative Häufigkeit und stellen die Messgrößen graphisch dar.

9. Erstellen Sie eine neue Auswertungstabelle und ziehen Sie das Merkmal *Anz_richtige_Fragen* aus der Messgrößenkollektion hinein. Editieren Sie die Formel wie unten zu sehen, indem Sie mit einem Doppelklick auf die Formel den Formeleditor öffnen .

10. Erstellen Sie eine neue Graphik und ziehen Sie aus der Messgrößenkollektion das Merkmal *Anz_richtige_Fragen* hinein. Halten Sie die Shift-Taste gedrückt, wenn Sie das Merkmal platzieren. Editieren Sie die Formel in der Graphik wie unten zu sehen.

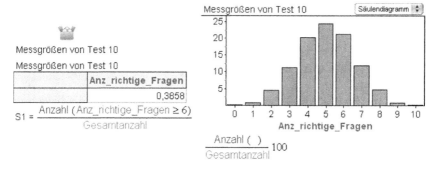

Auf der vertikalen Achse der Graphik sind nun die relativen Häufigkeiten in Prozent dargestellt.

Um die anfangs gestellte Frage zu beantworten, müssen wir noch einen Test mit 20 Fragen simulieren und bezüglich der richtig beantworteten Fragen auswerten. Wiederholen Sie dazu die Schritte analog zu der Simulation des Tests mit den 10 Fragen.

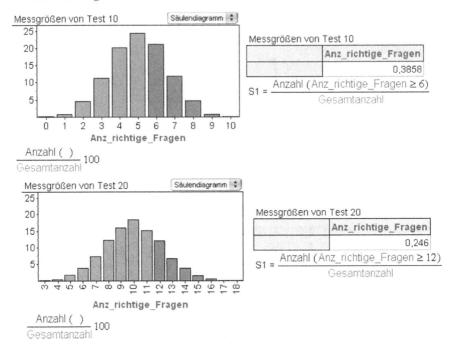

Vergleichend sind hier zu beiden Tests die Säulendiagramme und Auswertungstabellen dargestellt. In beiden Graphiken sind relative Häufigkeiten in Prozent dargestellt und der Bereich derjenigen Fälle (Testwiederholungen) hervorgehoben, bei denen man den Test besteht. Man kann erkennen, dass die relative Häufigkeit im oberen Diagramm größer ist (erkennbar als Anteil der dunkler markierten Fläche zur Gesamtfläche). Man kann über die relativen Häufigkeiten die Wahrscheinlichkeiten schätzen, den einen und den anderen Test zu bestehen: beim kürzeren Test ist dies 0,386 und beim längeren 0,246.

6.3 Vergleich simultaner und sequenzieller Simulation

In diesem Abschnitt wollen wir an einem einfachen Beispiel die beiden eben vorgestellten Simulationsmöglichkeiten gegenüberstellen.

Nehmen wir als Beispiel den zweifachen Wurf eines fairen Würfels, bei dem wir die Augensumme der beiden Würfe betrachten möchten.

Tabelle 6.2. Vergleich von simultaner und sequenzieller Simulation

Simultane Simulation	Sequenzielle Simulation

Definition des ZE

Bei der simultanen Simulation definieren wir zwei Merkmale *Wurf1* und *Wurf2* mit der Formel *ganzeZufallszahl(1;6)* und fügen der Kollektion *einen* Fall hinzu. Das Zufallsexperiment des doppelten Würfelwurfs ist also in einem Fall repräsentiert, bei dem je ein Merkmal für einen Wurf steht.

Bei der sequenziellen Simulation definieren wir nur *ein* Merkmal *Augenzahl* ebenfalls mit der Formel *ganzeZufallszahl(1;6)* und fügen der Kollektion *zwei* Fälle hinzu. Hier ist der zweistufige Zufallsversuch in einer Spalte repräsentiert.

Würfel - sequenziell
Würfel - sequenziell

	Augenzahl
1	6
2	6

Würfel - simultan
Würfel - simultan

	Wurf1	Wurf2
1	6	2

Definition interessierender Ereignisse und Zufallsgrößen

Bei der simultanen Simulation werden zur Auswertung der Simulation weitere Merkmale verwendet. Wir definieren also ein Merkmal *Augensumme* mit der Formel *Wurf1 + Wurf2*. Das Merkmal bezieht sich hier zeilenweise auf die beiden Merkmale *Wurf1* und *Wurf2*.

Bei der sequenziellen Simulation werden zur Auswertung der Simulation Messgrößen definiert. Definieren Sie auf der Registerkarte **Messgrößen** eine Messgröße *Summe* mit der Formel *Summe(Augenzahl)*. Messgrößen beziehen sich auf in der Formel verwendete Merkmale immer spaltenweise.

Info Würfel - simultan

Fälle Messgrößen Kommentare Anzeige Kateg...

Merkmale	Wert	Formel
Wurf1	1	ganzeZufallszahl (1; 6)
Wurf2	4	ganzeZufallszahl (1; 6)
Summe	5	Wurf1 + Wurf2
<neu>		

1/1   Details zeigen

Info Würfel - sequenziell

Fälle **Messgrößen** Kommentare Anzei... Kat...

Messgröße	Wert	Formel
Summe	9	Summe (Augenzahl)
<neu>		

Wiederholung der Simulation

Die Simulation wird wiederholt, indem man der Kollektion weitere Fälle hinzufügt. Jeder Fall steht für die Simulation eines Zufallexperiments.

Bei der sequenziellen Simulation wird das ZE wiederholt, indem Messgrößen gesammelt werden. Für jede Messgröße wurde die Simulation erneut durchgeführt.

Will man die Augensumme vieler Würfel ermitteln ist die Wahl der sequenziellen Simulation günstiger, da man weiterhin mit einer Formel auskommt. Ist man an bestimmten Mustern in Serien interessiert, muss man simultan simulieren, da dort andere passende Funktionen zur Verfügung stehen.

6.4 Simulation durch Stichprobenziehungen

Im Folgenden wird die Simulation von Zufallsexperimenten beschrieben, die sich als Urnenziehung modellieren lassen. Die Simulation in FATHOM unterstützt diese Vorstellung. Stichprobenziehungen mit Zurücklegen aus einfachen Urnen, lassen sich auch über die simultane und sequenzielle Simulation gut umsetzen. Der erste wichtige Vorteil von Simulation durch Stichprobenziehungen mit Zurücklegen liegt in der Tatsache, dass sich in FATHOM komplexe Urnen (Kollektionen) gestalten lassen aus denen eine Stichproben gezogen werden kann (vgl. Abschnitt 6.4.2). Es lassen sich aber auch ganz einfache Urnensimulationen durchführen, mit denen man simulierte Binomialverteilungen erzeugen kann (vgl. Abschnitt 6.4.1).

Stichprobenziehungen ohne Zurücklegen und Wartezeitprobleme lassen sich in FATHOM auf andere Art und Weise kaum oder nur sehr umständlich simulieren. Dies sind zwei weitere Vorteile der Simulation durch Stichprobenziehen.

6.4.1 Stichprobenziehungen mit Zurücklegen – 50facher Würfelwurf

Wir werfen einen fairen Würfel 50mal. Wie oft wird dabei im Mittel eine Sechs gewürfelt?

Für eine Simulation mit Stichprobenziehung modellieren wir das Experiment durch eine Urne in der sechs durchnummerierte Kugeln von 1 bis 6 liegen. Aus dieser ziehen wir 50mal mit Zurücklegen. In FATHOM erstellen wir uns eine Kollektion, die als Urne fungiert und aus der wir die Ziehungen vornehmen.

1. Erstellen Sie eine neue Kollektion *Urne-Würfel*. Definieren Sie über eine Datentabelle ein Merkmal *Augenzahl* und geben Sie direkt in das erste Feld der Tabelle eine 1 ein und drücken Sie die Return-Taste. Geben Sie ebenso die weiteren Zahlen bis 6 ein.

Urne-Würfel

	Augenzahl
1	1
2	2
3	3
4	4
5	5
6	6

ANMERKUNG: Um die Zahlen in die Tabelle einzugeben, müssen Sie der Kollektion vorher nicht 6 Fälle hinzufügen. Diese werden bei direkter Eingabe automatisch erzeugt.

Diese Kollektion stellt nun unsere Urne dar, aus der wir durch einen Zug einen Würfelwurf simulieren können.

2. Markieren Sie die Kollektion und wählen Sie aus der Menüleiste **Kollektion>Zufallsstichprobe ziehen**.

Es wird automatisch eine neue Kollektion *Stichprobe von Urne-Würfel* erzeugt, in der zehn zufällig gezogene Werte aus der Ursprungskollektion liegen. Diese werden per Voreinstellung zunächst mit Zurücklegen gezogen. Das Stichprobenziehen wird durch das Fliegen eines blauen Balles aus der Ursprungs- in die Stichprobenkollektion animationstechnisch unterstützt. Visualisieren wir uns die Ergebnisse in einer Datentabelle.

3. Markieren Sie die Stichprobenkollektion und ziehen Sie eine Datentabelle aus der Symbolleiste in Ihren Arbeitsbereich.

Stichprobe von Urne-Würfel
Stichprobe von Urne-Würfel

	Augenzahl	<ne
1	3	
2	6	
3	4	
4	2	
5	3	
6	6	
7	2	
8	1	
9	1	
10	5	

4. Öffnen Sie nun mit einem Doppelklick auf die Stichprobenkollektion das Info-Fenster und gehen Sie falls nötig auf die Registerkarte **Stichprobe**.

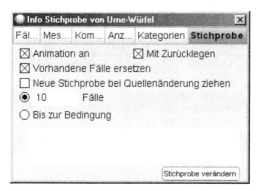

5. Deaktivieren Sie die Option **Animation an** und ersetzen Sie die 10 durch eine 50. Drücken Sie anschließend den Button **Stichprobe verändern**.

Nun haben wir eine Stichprobe der Größe 50 mit Zurücklegen gezogen, also 50mal einen Würfelwurf simuliert. In diesem Beispiel interessiert uns nun die Zufallsgröße X: „die Anzahl der geworfenen Sechsen bei den 50 Würfelwürfen". Diese Zufallsgröße setzen wir in FATHOM als Messgröße um.

6. Wechseln Sie im Info-Fenster der Stichprobenkollektion auf die Registerkarte **Messgrößen**. Erstellen Sie eine Messgröße *Anz_6en* und öffnen Sie

mit einem Doppelklick in die Formelzelle den Formeleditor. Geben Sie folgende Formel ein: `Anzahl(Augenzahl=6)` und bestätigen Sie sie mit der Return-Taste.

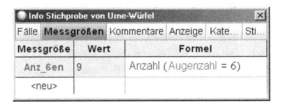

Diese Formel zählt die Fälle, bei denen das Merkmal *Augenzahl* eine 6 zeigt. Wir möchten die Simulation des Zufallsexperiments nun 1000mal wiederholen. Dies geschieht in FATHOM durch das Sammeln von Messgrößen.

7. Markieren Sie die Stichprobenkollektion und wählen Sie **Kollektion>** **Messgrößen sammeln**.

Es wird eine neue Kollektion *Messgrößen von Stichprobe von Urne-Würfel* erstellt, in der anfangs fünf gesammelte Messgrößen liegen, d. h. fünf Werte, die die Anzahl der Sechsen in 50 Würfen repräsentieren. Für jeden Wert wurde zuerst eine neue Stichprobe erstellt, so dass das gesamte Zufallsexperiment tatsächlich 5mal simuliert wurde.

8. Öffnen Sie das Info-Fenster der Messgrößenkollektion und ändern Sie die Einstellungen wie unten zu sehen. Drücken Sie anschließend auf den Button **Weitere Messgrößen sammeln**.

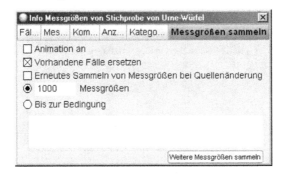

Da für jede Messgröße die 50fache Stichprobenziehung erneut durchgeführt wird, kann der Prozess des Messgrößen Sammelns eine gewisse Zeit dauern. Sie können den Prozess mit der Esc-Taste unterbrechen.

Beispielhaft stellen wir die Daten nun in einem Histogramm und in einer Auswertungstabelle dar.

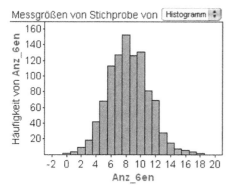

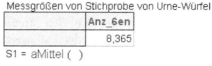

Unter den stochastischen Annahmen, die dieser Simulation zu Grunde liegen, handelt es sich bei der Messgröße *Anz_6en* um eine binomialverteilte Zufallsgröße. Das obige Histogramm stellt also die simulierte Binomialverteilung dieser Zufallsgröße dar.

In der folgenden Abbildung sehen Sie beispielhaft die Definition weiterer Ereignisse und Zufallsgrößen als Messgrößen.

Info Stichprobe von Urne-Würfel			
Fälle **Messgrößen** Kommentare Anzeige Kategorien Stichprobe			
Messgröße	**Wert**	**Formel**	
Anz_6en	10	Anzahl (Augenzahl = 6)	
Summe	174	Summe (Augenzahl)	
Anz_vers_Augnz	6	AnzVerschiedeneWerte (Augenzahl)	
Anteil_6en	0,2	Anteil (Augenzahl = 6)	
E1	wahr	gerade (Summe)	
E2	falsch	istPrim (Anz_6en)	
E3	wahr	Summe ≤ 180	
E4	falsch	Anz_6en > 12	
<neu>			

Die Messgröße *Summe* bildet die Summe aller Merkmalswerte des Merkmals *Augenzahl*. Die Funktion *AnzVerschiedeneWerte()* bestimmt die Anzahl der verschiedenen Merkmalswerte und die Funktion *Anteil()* bestimmt den Anteil der Fälle, für den die Bedingung in den Klammern zutreffend ist. Die Merkmale *E1-4* stellen Ereignisse dar, die in ihrer Definition auf die oben definierten Merkmale zurückgreifen. Sie stellen Bedingungen dar, die entweder wahr oder falsch sein können. Die Funktion *gerade()* überprüft, ob der Wert des Parameters gerade ist, die Funktion *istPrim()* ob er eine Primzahl darstellt.

6.4.2 Stichprobenziehungen mit Zurücklegen – Komplexe Urne

Unter einer komplexen Urne verstehen wir hier eine Urne mit Elementen, die mehrere Merkmalsausprägungen besitzen, z. B. eine Urne mit 10 verschiedenfarbigen Kugeln, die durchnummeriert und mit einem weiteren Symbol versehen sind. Betrachtet man den Muffins-Datensatz als Urne, so ist dieser eine sehr komplexe Urne. Jeder Fall besitzt hier eine Menge von Merkmalen mit unterschiedlichen Ausprägungen (Name, Gewicht, Größe, Geschlecht, ...).

Wir werden jetzt aus dem Muffins-Datensatz Stichproben der Größe 20 mit Zurücklegen ziehen und möchten beobachten wie das durchschnittliche Gewicht der 20 Personen bei wiederholtem Stichprobenziehen schwankt.

1. Öffnen Sie die Datei mit dem Muffins-Datensatz und markieren Sie die Kollektion. Wählen Sie im Menü **Kollektion>Zufallsstichprobe ziehen**.

Freizeit   Stichprobe von Freizeit

Es wird automatisch eine neue Kollektion *Stichprobe von Freizeit* erzeugt, in der zehn zufällig gezogene Werte aus dem Muffins-Datensatz liegen. Diese werden per Voreinstellung zunächst mit Zurücklegen gezogen. Im Info-Fenster der Stichprobenkollektion lassen sich diese Einstellungen ändern.

2. Öffnen Sie mit einem Doppelklick auf die Stichprobenkollektion das Info-Fenster. Treffen Sie auf der Registerkarte **Stichprobe** die Einstellungen wie rechts in der Abbildung zu sehen.

3. Drücken Sie anschließend auf den Button **Stichprobe verändern**.

4. Gehen Sie nun auf die Registerkarte **Messgrößen**. Geben Sie bei *<neu>* den Namen der neuen Messgröße `mittleres_Gewicht` ein und drücken Sie die Return-Taste.

5. Öffnen Sie mit einem Doppelklick in die Formelzelle des Merkmals *mittleres_Gewicht* den Formeleditor. Geben Sie dort `aMittel(Gewicht)` ein und drücken Sie auf **OK**.

Es wird sofort das arithmetische Mittel des Gewichts der derzeitigen Stichprobe ermittelt. In diesem Beispiel beträgt es ca. 65,8 kg.

6. Markieren Sie nun die Stichprobenkollektion und wählen Sie aus dem Menü **Kollektion>Messgrößen sammeln**.

Es wird eine neue Kollektion *Messgrößen von Stichprobe von Freizeit* erzeugt, in der anfangs fünf gesammelte Messgrößen liegen, d. h. fünf Ergebnisse für das durchschnittliche Gewicht von 20 Schülern.

Messgrößen von Stichprobe von Freizeit

7. Ziehen Sie einen Graphen aus der Symbolleiste in Ihren Arbeitsbereich und öffnen Sie das Info-Fenster der Kollektion. Gehen Sie auf die Registerkarte **Fälle** und ziehen Sie das Merkmal *mittleres_Gewicht* auf die horizontale Achse der Graphik.

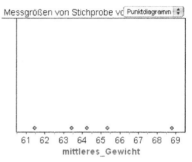

Wir sehen die fünf Ergebnisse als Punkte dargestellt. Jeder Punkt repräsentiert das mittlere Gewicht von 20 zufällig (mit Zurücklegen) gezogenen Personen.

8. Wechseln Sie wieder auf die Registerkarte **Messgrößen sammeln** und drücken Sie den Button **Weitere Messgrößen sammeln**.

Wenn wir die Animation noch kurz aktiviert lassen, sehen wir fünf weitere Ergebnisse nacheinander hinzukommen. Wiederholt man diesen Schritt öfter, kann man verfolgen wie sich die Verteilung aufbaut. Eine größere Anzahl an Messgrößen sammelt man aber besser mit deaktivierter Animation, da der Prozess sonst ziemlich lange dauert.

9. Deaktivieren Sie die Animation und geben Sie bei der Anzahl zu sammelnder Messgrößen 500 ein. Drücken Sie wieder auf den Button **Weitere Messgrößen sammeln**.

Das Ziehen von Stichproben und gleichzeitige Sammeln von Messgrößen kann die Kapazität Ihres Rechners evtl. zu sehr beanspruchen. Sie können den Prozess mit der Esc-Taste abbrechen.

10. Ändern Sie die Darstellungsart des
    Graphen über das Pull-down-Menü in
    ein Histogramm.

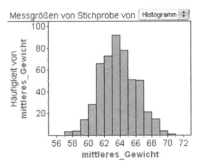

Man sieht, dass das Merkmal *mittle-res_Gewicht* in einer Stichprobe von 20 glockenförmig verteilt ist, ein arithmetisches Mittel von 63,75 und eine Standardabweichung von 2,28 hat.

Messgrößen von Stichprobe von Fr...

	mittleres_Gewicht
	63,751225
	2,2784395

S1 = aMittel ( )
S2 = PopStdAbw ( )

Vergleicht man nun das Histogramm mit den mittleren Gewichten (rechte untere Graphik) mit einem Histogramm zu den Gewichten des Ausgangsdatensatzes (Muffins, linke untere Graphik), so kann man feststellen, dass sich die Verteilung einer Normalverteilung angenähert hat und weniger um das arithmetische Mittel streut. Solche Simulationen mit komplexen Urnen lassen sich gut zur Veranschaulichung in der beurteilenden Statistik einsetzen.

Man kann jetzt erörtern, wie genau man das mittlere Körpergewicht in der Muffinspopulation aus einer Stichprobe von 20 schätzen könnte.

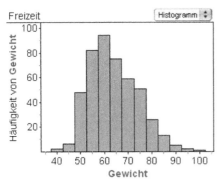
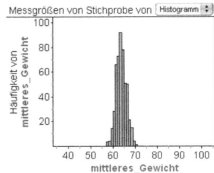

Die beiden Diagramme entsprechen wichtigen theoretischen Aussagen der Statistik, nämlich dass die Standardabweichung in der Stichprobe von 20 Personen theoretisch

$$s = \frac{s_{Pop}}{\sqrt{20}}$$

ist, wobei s_{Pop} die Standardabweichung des Gewichts in den Muffinsdaten ist. Ferner ist das Merkmal, besser die Zufallsgröße, „Mittleres Gewicht in einer

Stichprobe von n Personen" bei größerem n annähernd normalverteilt (Zentraler Grenzwertsatz). Simulationen mit FATHOM können zur Veranschaulichung dieser theoretischen Sachverhalte genutzt werden.

6.4.3 Stichprobenziehungen ohne Zurücklegen – KENO

Kenospiele sind ähnlich aufgebaut wie Lotto, es werden Zahlen getippt und Kugeln gezogen. Es gibt verschiedene Keno-Varianten. Bei diesem Kenospiel sollen Sie 10 aus 70 Zahlen tippen. Es werden dann zufällig 20 aus den 70 Zahlen gezogen und Sie können überprüfen wie viele Zahlen Sie richtig getippt haben. Im Gegensatz zu Lotto stehen die Gewinnpläne für Kenospiele immer schon im vorhinein fest, so dass Sie sehen, wieviel Geld Sie im Idealfall gewinnen können. Der Gewinnplan für dieses Spiel sieht folgendermaßen aus:

Tabelle 6.3. Netto-Gewinnplan unseres Kenospiels

Anzahl richtig getippter Zahlen	Nettogewinn/ -verlust in Euro
0	1
5	1
6	4
7	14
8	99
9	999
10	99999
sonst	-1

Wir erstellen nun eine Keno-Trommel, in der die 70 Kugeln liegen und in der Sie ebenfalls Ihren Tipp eintragen können.

1. Erzeugen Sie eine neue Kollektion *Keno-Trommel*. Öffnen Sie das Info-Fenster der Kollektion und definieren Sie ein Merkmal *Zahl* mit der Formel *Index* und ein Merkmal *Tipp* ohne Formel.

2. Markieren Sie die Kollektion und fügen Sie ihr über **Kollektion>Neuer Fall...** 70 neue Fälle hinzu. Zur Visualisierung können Sie noch eine Datentabelle erstellen.

Die Formel *Index* nummeriert die Fälle einfach durch, so dass wir in der *Keno-Trommel* nun die 70 Kugeln repräsentiert haben.

3. Geben Sie in die Spalte *Tipp* in die 10 Zellen der Zahlen ein *ja* ein auf die Sie tippen möchten.

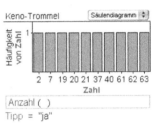

Wir haben nun eine Urne mit 70 Kugeln oder Fällen erzeugt, die je *zwei* Merkmalsausprägungen besitzen. Zur Visualisierung der getippten Zahlen erzeugen wir noch eine Graphik.

4. Ziehen Sie eine neue Graphik aus der Symbolleiste und das Merkmal *Zahl* mit gehaltener Shift-Taste auf die horizontale Achse. Markieren Sie die Graphik und wählen Sie aus dem Kontextmenü **Filter hinzufügen** und geben Sie in den erscheinenden Formeleditor `Tipp = "ja"` ein.

In der Graphik erscheinen nun nur noch die Zahlen, auf die Sie getippt haben. Da jede Zeile einen Fall darstellt, sind die Zahlen intern mit dem Tipp verknüpft. Wenn wir nun 20 Zahlen ziehen, können wir auch feststellen, ob wir diese Zahlen getippt haben oder nicht.

5. Markieren Sie die Kollektion und wählen Sie aus dem Menü **Kollektion>Zufallsstichprobe ziehen**.

Es wird eine neue Kollektion *Stichprobe von Keno-Trommel* erzeugt. Die Stichprobenziehung müssen wir jetzt noch den Spielbedingungen anpassen.

6. Öffnen Sie mit einem Doppelklick auf die Kollektion *Stichprobe von Keno-Trommel* das Info-Fenster und wechseln Sie falls nötig auf die Registerkarte **Stichprobe**. Übernehmen Sie die Einstellungen des Info-Fensters rechts und drücken Sie den Button **Stichprobe verändern**.

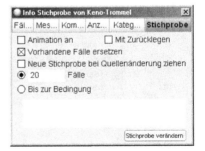

Wir haben nun 20 Kugeln ohne Zurücklegen gezogen und die vorhandenen Fälle ersetzt. Betrachten wir uns das Ergebnis in einer Datentabelle. Sie können sich die gezogenen, richtig getippten Zahlen ebenso graphisch darstellen lassen wie die anfangs.

In diesem Beispiel wurden vier Zahlen richtig getippt. Die Anzahl der richtig getippten Zahlen werden wir in einer Messgröße sammeln.

7. Öffnen Sie das Info-Fenster der Stichprobenkollektion und wechseln Sie auf die Registerkarte **Messgrößen**. Definieren Sie dort eine Messgröße *AnzRichtige* durch die Formel *Anzahl(Tipp =„ja")*.

Messgröße	Wert	Formel
AnzRichtige	4	Anzahl (Tipp = "ja")

8. Markieren Sie die Stichprobenkollektion und wählen Sie **Kollektion> Messgrößen sammeln**. Ändern Sie im Info-Fenster der neu erzeugten Messgrößenkollektion *Messgrößen von Stichprobe von Keno-Trommel* die Anzahl der zu sammelnden Messgrößen auf 995 und deaktivieren Sie die Animation.

9. Visualisieren Sie sich die Ergebnisse in einer Graphik, indem Sie das Merkmal *AnzRichtige* mit gehaltener Shift-Taste auf die horizontale Achse einer neuen Graphik ziehen.

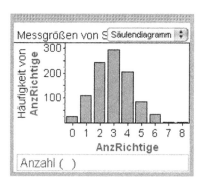

Nun interessiert uns natürlich noch der Gewinn pro Spiel und der auf lange Sicht zu erwartende mittlere Gewinn bzw. Verlust. Diesen definieren wir in einem weiteren Merkmal der Messgrößenkollektion.

10. Erstellen Sie zu der Messgrößenkollektion eine Datentabelle. Definieren Sie neben dem schon vorhandenen Merkmal *AnzRichtige* ein weiteres Merkmal *NettoGewinn* mit der Formel, die Sie im Info-Fenster sehen können.

Messgrößen von Stichprobe von Keno-Trommel

	AnzRich...	NettoGewinn
=	4	transform (AnzRichtige) { (0) : 1 (5) : 1 (6) : 4 (7) : 14 (8) : 99 (9) : 999 (10) : 99999 sonst : −1
1	4	-1
2	2	-1
3	1	-1

Das Merkmal *NettoGewinn* berechnet zu jedem Wert des Merkmals *AnzRichtige* den entsprechenden Gewinn bzw. den Verlust des Spiels.

11. Ziehen Sie eine neue Auswertungstabelle in Ihren Arbeitsbereich und das Merkmal *NettoGewinn* in eine Spalte oder Zeile. Sie können sich auch die Anzahl der simulierten Spiele angeben lassen, indem Sie eine weitere Formel über das Kontextmenü hinzufügen.

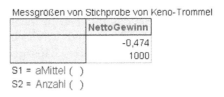

Messgrößen von Stichprobe von Keno-Trommel

	NettoGewinn
	-0,474
	1000

S1 = aMittel ( )
S2 = Anzahl ( )

12. Erstellen Sie ebenso eine neue Graphik mit dem Merkmal *NettoGewinn* auf der horizontalen Achse. Wählen Sie aus dem Pull-down-Menü **Histogramm** aus und stellen Sie im Info-Fenster die Klassenbreite auf 1. Zeichnen Sie in die Graphik über das Kontextmenü **Wert einzeichnen** den Wert *aMittel()* ein. Erstellen Sie weiterhin noch eine Häufigkeitstabelle zu den Nettogewinnen, indem Sie das Merkmal *NettoGewinn* mit gehaltener Shift-Taste in einer Auswertungstabelle platzieren.

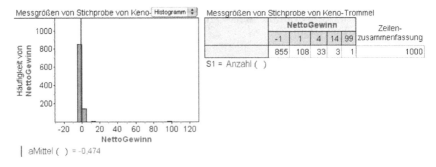

Messgrößen von Stichprobe von Keno- Histogramm

aMittel ( ) = -0,474

Messgrößen von Stichprobe von Keno-Trommel

	NettoGewinn					Zeilen-zusammenfassung
	-1	1	4	14	99	
	855	108	33	3	1	1000

S1 = Anzahl ( )

Der auf lange Sicht zu erwartende mittlere Gewinn, ist bei diesem Spiel ein Verlust von etwa 48 Cent.

Sie können das Spiel in vielfältiger Weise variieren, indem Sie die Anzahl der zu tippenden Zahlen, die Gewinnausschüttung oder andere Regeln ändern.

6.5 Simulation durch Randomisierung – Briefeproblem

In FATHOM lässt sich das bekannte Briefeproblem einfach durch eine Randomisierung simulieren.

Ein konfuser Mensch schreibt 10 Briefe an 10 verschiedene Personen und beschriftet danach die entsprechenden 10 Kuverts. Völlig zerstreut steckt er die Briefe in die Kuverts ohne auf die richtige Zuordnung zu achten. Wie groß ist die Wahrscheinlichkeit, dass kein Brief im richtigen Kuvert steckt?

1. Ziehen Sie eine neue Kollektion aus der Symbolleiste in Ihren Arbeitsbereich und nennen Sie sie *Briefe*. Erstellen Sie in einer zugehörigen Datentabelle ein Merkmal *Brief* mit zehn durchnummerierten Fällen.

Jede der zehn Zahlen stellt einen Brief dar.

2. Markieren Sie die Kollektion und wählen Sie **Kollektion>Merkmalausprägungen randomisieren**.

Briefe

	Brief
1	1
2	2
3	3
4	4
5	5
6	6
7	7
8	8
9	9
10	10

FATHOM erstellt eine neue Kollektion *Randomisierung ist durchgeführt Briefe*. In dieser sind die Werte des (einzigen) Merkmals *Brief* zufällig durcheinander geworfen. Besitzt eine Kollektion mehrere Merkmale kann man im Info-Fenster der randomisierten Kollektion auf der Registerkarte **Randomisiere** das Merkmal auswählen, das randomisiert werden soll.

3. Visualisieren Sie die neue Kollektion in einer Datentabelle.

Randomisierung ist durchgeführt Briefe		
	Brief	<neu>
1	1	
2	2	
3	5	
4	4	
5	8	
6	3	
7	10	
8	7	
9	9	
10	6	

Die Randomisierung symbolisiert die Zuordnung der Briefe auf die Umschläge. Steht ein Brief auf seinem ursprünglichen Platz, also an der richtigen Nummer, so wurde er in den richtigen Umschlag gesteckt. Hier wurden die Briefe 1, 2, 4 und 9 in die richtigen Umschläge gesteckt.

Die Auswertung der richtigen Zuordnungen wird über die Definition und das Sammeln von Messgrößen realisiert.

4. Öffnen Sie das Info-Fenster der randomisierten Kollektion und wechseln Sie auf die Registerkarte **Messgrößen**. Definieren Sie eine neue Messgröße *Anz_richtig* durch die Formel *Anzahl(Index=Brief)*.

Info Randomisierung ist durchgeführt Briefe		
Fälle **Messgrößen** Komm... Anz... Kat... Ran...		
Messgröße	Wert	Formel
Anz_richtig	4	Anzahl (Index = Brief)
<neu>		

5. Markieren Sie die randomisierte Kollektion und wählen Sie **Kollektion>Messgrößen sammeln**.

6. Öffnen Sie das Info-Fenster der Messgrößenkollektion und sammeln Sie weitere 995 Messgrößen. Schalten Sie dabei die Animation aus.

7. Visualisieren Sie die Ergebnisse in einem Säulendiagramm, indem Sie eine neue Graphik aus der Symbolleiste und das Merkmal *Anz_richtig* mit gedrückter Shift-Taste auf die Graphik ziehen.

Für die Frage, wie groß die Wahrscheinlichkeit ist, dass kein Brief im richtigen Umschlag steckt, ziehen wir eine Auswertungstabelle heran.

8. Ziehen Sie eine Auswertungstabelle in Ihren Arbeitsbereich. Platzieren Sie das Merkmal *Anz_richtig* in der Auswertungstabelle und editieren Sie die Formel wie unten zu sehen.

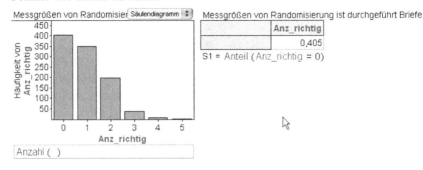

Wir können die gesuchte Wahrscheinlichkeit über die relative Häufigkeit für keinen Brief im richtigen Umschlag auf etwa 0,4 schätzen.

Wenn Sie im Säulendiagramm mit der Maus über einen Balken fahren, so können Sie in der Statusleiste den Anteil der Fälle in Prozent ablesen, die in diesem Balken repräsentiert sind.

ANMERKUNG: Die Simulation durch Randomisierung wird vor allem auch in der Inferenzstatistik verwendet. Beispiele dazu finden sich in der FATHOM-Hilfe.

6.6 Wartezeitprobleme – Würfeln bis zur ersten 6

Wir werfen einen fairen Würfel so lange, bis eine Sechs gefallen ist. Wie oft muss man im Mittel den Würfel werfen?

Wartezeitprobleme werden in FATHOM als Simulationen mit Stichprobenziehungen realisiert, bei der die Stichprobengröße durch ein Stoppkriterium festgelegt wird.

1. Erstellen Sie eine Kollektion *Würfel* mit einem Merkmal *Augenzahl* und sechs durchnummerierten Fällen, die die Augenzahlen des Würfels repräsentieren.

2. Markieren Sie die Kollektion und wählen Sie **Kollektion>Zufallsstichprobe ziehen**.

Es wird zunächst eine neue Stichprobenkollektion der Größe 10 erzeugt.

3. Öffnen Sie das Info-Fenster der Stichprobenkollektion und wechseln Sie falls nötig auf die Registerkarte **Stichprobe**. Deaktivieren Sie die Animation und klicken Sie auf die Option **Bis zur Bedingung**.

Es öffnet sich automatisch der Formeleditor, in den die Abbruchbedingung eingegeben werden kann.

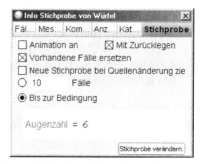

4. Geben Sie die Formel `Augenzahl = 6` ein und drücken Sie auf den Button **Stichprobe verändern**.

Sie können sich die Ergebnisse der Simulation in einer Datentabelle ansehen und die Simulation einige Male mit Strg+Y durchführen.

Die Anzahl der Würfe bis zur ersten Sechs erfassen wir mit einer Messgröße.

5. Wechseln Sie im Info-Fenster auf die Registerkarte **Messgrößen** und definieren Sie eine neue Messgröße *Anz_Würfe* durch die Formel `Anzahl(Index)`. Bestätigen Sie die Formel mit der Return-Taste.

Die Formel *Anzahl(Index)* zählt die Anzahl der Fälle in einer Kollektion.

6. Markieren Sie die Stichprobenkollektion und wählen Sie **Kollektion>Messgrößen sammeln**.

7. Ändern Sie im Info-Fenster der neu erzeugten Messgrößenkollektion die Anzahl der zu sammelnden Messgrößen auf 995 und deaktivieren Sie die Animation. Drücken Sie den Button **Weitere Messgrößen sammeln**.

8. Erstellen Sie ein neue Graphik und ziehen Sie das Merkmal *Anz_Würfe* auf die horizontale Achse der Graphik. Wählen Sie aus dem Pulldown-Menü die Darstellungsart **Histogramm**. Öffnen Sie mit einem Doppelklick auf eine freie Fläche in der Graphik das Info-Fenster. Ändern Sie die Klassenbreite in 1.

Nun möchten wir auf der vertikalen Achse nicht die absoluten Anzahlen, sondern die relativen Häufigkeiten in Prozentangaben anzeigen lassen.

9. Markieren Sie die Graphik und wählen Sie **Graph>Skala>relative Häufigkeit**.

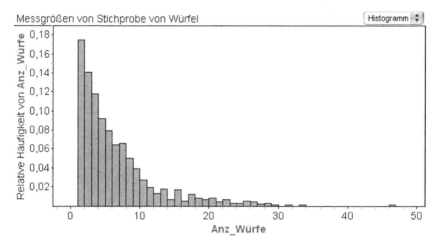

Wenn Sie mit der Maus über die verschiedenen Säulen fahren, wird Ihnen in der Statusleiste die genaue Anzahl an Fällen angezeigt, die von dieser Säule repräsentiert werden.

Wie lange muss man nun im Mittel auf die erste Sechs warten? Um diese Frage zu beantworten erstellen wir eine Auswertungstabelle.

10. Ziehen Sie eine Auswertungstabelle in Ihren Arbeitsbereich und das Merkmal *Anz_Würfe* in eine Zeile oder Spalte. Fügen Sie zu dem arithmetischen Mittel noch den Median in die Auswertungstabelle hinzu. Wählen Sie dazu aus dem Kontextmenü **Formel hinzufügen** und geben Sie Median() ein.

Messgrößen von Stichprobe von Würfel	
	Anz_Würfe
	5,999
	4
S1 = aMittel ( )	
S2 = Median ( )	

Wie Sie sehen unterscheidet sich aufgrund der schiefen Verteilung das arithmetische Mittel und der Median stark. Im Durchschnitt muss man 6 Würfe bis zur ersten 6 warten, in 52,6% der Spiele hat man die 6 aber bis zum vierten Wurf bereits erhalten.

Messgrößen von Stichprobe von Würfel	
	0,526
S1 = Anteil (Anz_Würfe ≤ 4)	

6.7 Simulation zum Gesetz der großen Zahl

Wir werden im Folgenden ein Zufallsexperiment simulieren, das die beiden Ergebnisse „Erfolg" und „Misserfolg" (kodiert durch 1 und 0) besitzt, wobei die Wahrscheinlichkeit p für einen Erfolg durch einen Regler variiert werden kann.

1. Erstellen Sie eine neue Kollektion, die Sie mit *Gesetz der großen Zahl* benennen sowie einen neuen Regler, den Sie mit p benennen.

Gesetz der großen Zahl

Mit dem Regler p wollen wir dann die Wahrscheinlichkeit für einen Erfolg festlegen. Deswegen sollten wir die Achsenskalierung dem Wertebereich von p anpassen.

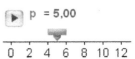

2. Öffnen Sie mit einem Doppelklick auf den Regler das Info-Fenster und legen Sie den Anfang der Skala auf 0 und das Ende der Skala auf 1 fest. Bestätigen Sie die beiden Zahlen mit der Return-Taste.

Der Regler hat nun automatisch den Wert 0,5 angenommen.

3. Öffnen Sie mit einem Doppelklick auf die Kollektion das Info-Fenster der Kollektion und erstellen Sie vier neue Merkmale *Anzahl*, *Ergebnis*, *kumErfolge* und *relHäufErfolg*. Definieren Sie die Merkmale mit den Formeln, die Sie aus unten stehender Abbildung entnehmen können.

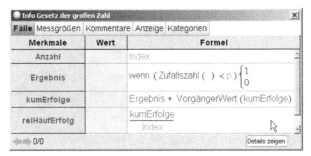

Das Merkmal *Anzahl* nummeriert die Anzahl der Fälle in der Kollektion einfach durch. Die Funktion *Zufallszahl()* erzeugt zufällig eine reelle Zahl zwischen 0 und 1, solange kein Minimum und Maximum in der Klammer angegeben ist. Das Merkmal *Ergebnis* gibt also eine 1 aus, wenn die zufällig erzeugte Zahl kleiner dem Wert p ist, der durch den Regler festgelegt ist, ansonsten eine 0. Das Merkmal *kumErfolge* addiert alle Erfolge, die bis zu diesem Fall eingetreten sind auf. Dazu wird die Funktion *VorgängerWert()* genutzt (vgl. auch

Abschnitt 4.3.2). Das letzte Merkmal *relHäufErfolg* bestimmt dann noch die relative Häufigkeit für einen Erfolg bis zu diesem Fall, indem die kumulierten Erfolge durch die Anzahl der Zufallsversuche geteilt wird.

4. Fügen Sie der Kollektion über Menü **Kollektion>Neuer Fall...** 1000 Fälle hinzu.

Wir haben das Zufallsexperiment nun 1000mal simuliert. Sehen wir zunächst einmal nach, ob die Formeln auch die gewünschten Ergebnisse liefern.

5. Markieren Sie die Kollektion und ziehen Sie eine Datentabelle aus der Symbolleiste in Ihren Arbeitsbereich.

Gesetz der großen Zahl

	Anzahl	Ergebnis	kumErfolge	relHäufErfolg
1	1	1	1	1
2	2	1	2	1
3	3	1	3	1
4	4	0	3	0,75
5	5	1	4	0,8
6	6	0	4	0,666667
7	7	1	5	0,714286

Nun wollen wir uns die Entwicklung der relativen Häufigkeit für einen Erfolg graphisch darstellen.

6. Ziehen Sie eine neue Graphik aus der Symbolleiste in Ihren Arbeitsbereich. Ziehen Sie das Merkmal *Anzahl* auf die horizontale Achse der Graphik und das Merkmal *relHäufErfolg* auf die vertikale Achse.

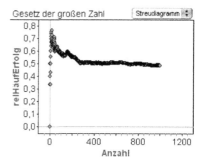

Passen wir nun die Achsen der Graphik noch etwas an, damit man bei erneuter Durchführung der Simulation immer denselben Ausschnitt sieht. Dies können wir durch direktes Ziehen der Skalen erreichen oder aber über das Info-Fenster des Graphen.

7. Öffnen Sie über das Kontextmenü der Graphik das Info-Fenster und legen Sie die vertikale Achse mit den Eigenschaften *yAnfang* und *yEnde* so fest, dass Sie den Abschnitt von 0 bis 1 vollständig in der Graphik sehen können (wählen Sie also Werte etwas kleiner als 0 und etwas größer als 1). Um diesen Abschnitt für die weitere Simulation fixiert zu lassen, ändern Sie den Wert der *yAutoNeuSkala* auf *falsch*.

8. Markieren Sie die Kollektion *Gesetz der großen Zahl* und drücken Sie Strg+Y. Die Simulation wird wiederholt.

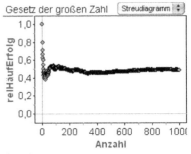

Anzahl < n

Wenn Sie beobachten möchten, wie sich die relative Häufigkeit nach und nach entwickelt, kann man die Darstellung dynamisieren. Dazu erstellen wir einen Regler, den wir in einem Filter der Graphik verwenden.

9. Erstellen Sie einen weiteren Regler n, dessen Achsenskalierung Sie auf 0 und 100 festsetzen. Setzen Sie den beweglichen Schieber auf 1. Ändern Sie auch die horizontale Achsenskalierung der Graphik entsprechend von 0 bis ca. 100.

10. Markieren Sie die Graphik und wählen Sie aus dem Kontextmenü **Filter hinzufügen**. Geben Sie in den Formeleditor Anzahl<n ein und bestätigen Sie die Formel mit der Return-Taste. Wählen Sie aus dem Pull-down-Menü der Graphik noch den Diagrammtyp **Linienstreudiagramm**.

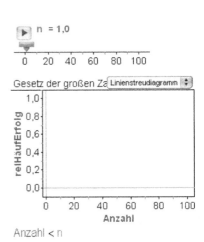

Anzahl < n

Sie dürften in der Graphik nun keine Punkte mehr sehen.

11. Klicken Sie auf den Animationsbutton des Reglers und beobachten Sie die Entwicklung der relativen Häufigkeit. Halten Sie den Regler, wenn er bei 100 angekommen ist wieder an.

Es werden nun immer so viele Datenpunkte in der Graphik dargestellt wie durch den Filter durchkommen, der vom Regler abhängig ist.

Anzahl < n

ANMERKUNG: Sie können die Animationsgeschwindigkeit des Reglers in dessen Info-Fenster bestimmen. Legen Sie dazu die Reglerwerte z. B. auf Vielfache von 1 fest und geben Sie bei der Eigenschaft *Max_Updates_pro_Sekunde* eine 2 ein.

Eigenschaft	Wert
n	78
Max_Updates_pro_Sekunde	2
Anfang_	-10
Ende_	110
Beschränke_auf_Vielfache_von	1
Umkehrskala	falsch

Als Erweiterung können Sie noch weitere gleichartige Zufallsexperimente in der gleichen Kollektion definieren. Dazu können die Merkmale in der Datentabelle kopiert und am Ende wieder eingefügt werden. Sie müssen dann nur noch die Formeln der einzelnen Merkmale ändern, so dass *Ergebnis*, *kumErfolge*, *relHäufErfolg* sich jeweils auf ein Zufallsexperiment beziehen (vgl. folgende Graphik).

Ergebnis1	kumErfolge1	relHäufErfolg1
wenn (Zufallszahl ( ) < p) $\begin{cases} 1 \\ 0 \end{cases}$	Ergebnis1 + VorgängerWert (kumErfolge1)	$\dfrac{\text{kumErfolge1}}{\text{Index}}$

Die neuen Merkmale können Sie zu dem schon vorhandenen Merkmal *relHäufErfolg* auf die vertikale Achse hinzufügen, indem Sie sie auf das Pluszeichen ziehen. Ändern Sie für eine bessere Übersicht die Punktgröße der Linienstreudiagramme auf der Registerkarte **Eigenschaften** des Info-Fensters der Graphik auf 1 oder 2.

Die gleichzeitige graphische Darstellung mehrerer solcher Zufallsexperimente veranschaulicht das empirische Gesetz der großen Zahl.

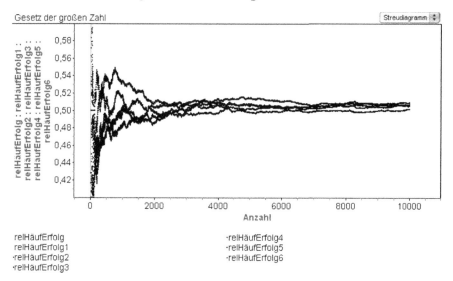

6.8 Zufallsfunktionen

In der folgenden Tabelle werden verschiedene Zufallsfunktionen vorgestellt, die zufällige Ergebnisse erzeugen. Die erste Spalte der Tabelle beinhaltet den Befehl in FATHOM, die zweite das allgemeine Ergebnis, das der Befehl liefert und die dritte Spalte beinhaltet verschiedene Anwendungsmöglichkeiten des Befehls in FATHOM, insbesondere zur Simulation. Die Beschreibung weiterer Zufallsfunktionen finden Sie in der FATHOM-Hilfe oder im Listenfenster des Formeleditors unter **Funktionen>Zufallszahlen**.

Tabelle 6.4. Zufallsfunktionen

Befehl in FATHOM:	Liefert:	Anwendungsbeispiel:
Zufallszahl ()	Eine reelle Zufallszahl zwischen 0 und 1. Die Zufallszahlen sind im jeweiligen Intervall (geometrisch) gleichverteilt.	• Simulation einer Jungengeburt mit P(Jungengeburt) = 0,5128 (unter Verwendung des *wenn*-Kommandos. • Simulation einer zufälligen Stelle eines Schnittes durch eine Strecke der Länge 1.
Zufallzahl(max)	Eine reelle Zufallszahl zwischen 0 und *max*.	
Zufallszahl (min;max)	Eine reelle Zufallszahl zwischen *min* und *max*.	
ganzeZufallszahl()	Entweder 0 oder 1. Alle ganzen Zufallszahlen sind gleichwahrscheinlich.	Simulation eines Münzwurfs mit den kodierten Ausgängen 0 für Wappen und 1 für Zahl.
ganzeZufallszahl (max)	Eine ganze Zufallszahl zwischen 0 und *max*.	Simulation der zufälligen Vergabe von Noten in der Oberstufe.
ganzeZufallszahl (min;max)	Eine ganzzahlige Zufallszahl zwischen *min* und *max*.	• Simulation eines Münzswurfs: *ganzeZufallszahl(1;6)*. • Simulation Ziehung der Lottozahlen 6 aus 49: *ganzeZufallszahl(1;49)*.
ZufallBinomial(n;p), n: Anzahl der Versuche; p: Wahrscheinlichkeit für einen Erfolg	Eine ganzzahlige Zufallszahl aus einer Binomialverteilung.	Simulation der Anzahl von Wappen beim 20fachen Münzwurf: *ZufallBinomial(20;0,5)*.

Tabelle 6.4. Fortsetzung

Befehl in FATHOM:	Liefert:	Anwendungsbeispiel:
ZufallNormal(m;s), *m*: Erwartungswert; *s*: Standardabweichung	Eine reelle Zufallzahl aus einer Normalverteilung.	Simulation von Körpergrößen
Zufalls Wahl *(a₁; a₂; . . . ; aₙ)*	Ein zufällig gezogenes Element aus einer definierten Liste von Elementen. Alle Elemente sind gleichwahrscheinlich.	• Simulation eines Würfelwurfs; *Zufalls Wahl(1;2;3;4;5;6)* (Zahlen müssen nicht in " " stehen). • Simulation eines Münzwurfs; *Zufalls Wahl("Wappen";"Zahl")* (Buchstaben oder Wörter müssen in " " stehen). • Simulation einer unfairen Münze mit $P(Wappen) = 2/3$, $P(Zahl) = 1/3$; *Zufalls-Wahl("W";"W";"Z")*.

Wahrscheinlichkeitsverteilungen

Als Modell für die Beschreibung zufälliger Vorgänge nutzt man Wahrscheinlichkeitsverteilungen, kurz Verteilungen. Sie erzeugen mit wenigen Parametern eine gute Vorstellung von dem, wie sich die Werte einer Zufallsgröße X verteilen können. FATHOM bietet zum einen eine große Auswahl an vordefinierten Verteilungen an und verfügt zum anderen mit dem Formeleditor über ein mächtiges Werkzeug zur Eigenkonstruktion von Verteilungen. In diesem Kapitel lernen Sie:

- die Leistungsfähigkeit von FATHOM für die Erkundung diskreter und kontinuierlicher Wahrscheinlichkeitsverteilungen im Überblick kennen,
- die Binomialverteilung in verschiedenen Darstellungen zu nutzen,
- die Binomialverteilung durch Simulation zu erzeugen,
- die Normalverteilung in verschiedenen Darstellungen zu nutzen.

7.1 Diskrete und kontinuierliche Verteilungen

Im Listenfenster des Formeleditors sind unter der Gruppe **Verteilungen** alle in FATHOM zur Verfügung gestellten Wahrscheinlichkeitsverteilungen aufgelistet. Dabei gehört die Binomialverteilung zu den diskreten Verteilungen und die Normalverteilung zu den kontinuierlichen Verteilungen. Der grundlegende Unterschied wird im Folgenden kurz erörtert. Darüber hinaus stellt FATHOM zu jeder dieser Wahrscheinlichkeitsverteilungen eine Zufallsfunktion, z. B. die Funktion *ZufallBinomial()* für die Binomialverteilung oder die Funktion *ZufallNormal()* für die Normalverteilung zur Verfügung.

Diskrete Verteilungen

Diskrete Verteilungen sind solche, bei denen nur endlich oder abzählbar unendlich vielen Werten eine Wahrscheinlichkeit größer als Null zugeordnet wird. Die Wahrscheinlichkeit eines einzelnen Ergebnisses wird durch die Zuordnung $x \rightarrow P(X = x)$ bestimmt, wobei man für x nur die möglichen Ergebnisse der Zufallsgröße einsetzen darf. Für die Binomialverteilung erfüllt das in FATHOM die Funktion *BinomialWs()*. Die Binomialverteilung ist durch zwei Parameter gekennzeichnet: Die Erfolgswahrscheinlichkeit p und die Anzahl der Wiederholungen n. *BinomialWs(k;n;p)* gibt dann die Wahrscheinlichkeit für k Erfolge an.

Das Säulendiagramm in der Abbildung rechts zeigt die Wahrscheinlichkeitsverteilung eines zweifachen Münzwurfs einer idealen Münze. Dann ist für X: „Anzahl Wappen beim zweimaligen Münzwurf" die Wahrscheinlichkeit für genau einmal Wappen $P(X = 1) = 0{,}5$. Diesem Wert entspricht die Höhe der Säule über $x = 1$.

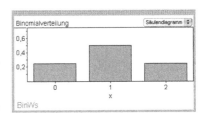

Kontinuierliche Verteilungen

Kontinuierliche Verteilungen werden durch eine Dichtefunktion $x \rightarrow f(x)$ für $x \in \mathbb{R}$ beschrieben, wobei $f(x) \geq 0$ ist und $\int_{-\infty}^{+\infty} f(x)\, dx = 1$. Die Wahrscheinlichkeit, dass die Zufallsgröße X in ein Intervall $[a, b]$ fällt, ist dann durch $\int_{a}^{b} f(x)\, dx$ festgelegt. Für die Normalverteilung erfüllt das in FATHOM die Funktion *normalDichte()*. Die Dichte der Normalverteilung ist durch zwei Parameter gekennzeichnet, den Erwartungswert m und die Standardabweichung s. *normalDichte(x;m;s)* gibt den Wert der Dichte für diese Parameter an.

Nehmen wir an, das rechte Funktionendiagramm stellt die Wuchshöhe einer Pflanzensorte in Metern als Wahrscheinlichkeitsverteilung einer normalverteilten Zufallsgröße mit den Parametern $m = 1{,}5$ und $s = 0{,}5$ dar. Dann ist für X: „Wuchshöhe einer beliebigen Pflanze einer Sorte" die Wahrscheinlichkeit, dass diese beliebige Pflanze höchstens eine Höhe von $1{,}50\,$m aufweist, $P(X \leq 1{,}50) = 0{,}5$. Diesem Wert entspricht der Flächeninhalt unter der Kurve im Intervall $(-\infty; 1{,}5]$, der durch $\int_{-\infty}^{1{,}50} f(x)\, dx$ festgelegt ist.

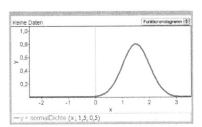

Kumulative Verteilungsfunktionen und Quantilfunktionen

Sowohl zu kontinuierlichen als auch zu diskreten Verteilungen können wir in FATHOM weitere Funktionen abrufen. Die kumulative Verteilungsfunktion $F(x)$ gibt zu jedem $x \in \mathbb{R}$ die kumulativen Wahrscheinlichkeiten $P(X \leq x)$ an. Bei der Normalverteilung ist das die Funktion *normalKumulativ()* und bei der Binomialverteilung die Funktion *BinomialKumulativ()*.

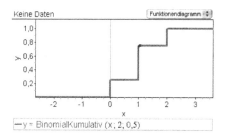
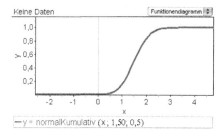

Aus der Abbildung rechts oben können wir für die kontinuierliche Zufallsgröße X: „Wuchshöhe einer beliebigen Pflanze einer Sorte" zu $x = 1{,}50$ als Funktionswert $y = P(X \leq 1{,}50) = 0{,}5$ ablesen. Im linken Funktionendiagramm können wir für die diskrete Zufallsgröße X: „Anzahl Wappen beim zweimaligen Münzwurf" zu $x = 1{,}5$ den Funktionswert $P(X \leq 1{,}5) = 0{,}75$ ablesen. Da X keine Werte zwischen $x = 0, 1, 2$ annehmen kann, bleiben die Funktionswerte $P(X \leq x)$ für alle x-Werte dazwischen konstant. Beachten Sie: Der Graph wird in FATHOM an den vertikalen Sprüngen durchgezeichnet dargestellt. An diesen Sprungstellen $x = 0, 1, 2$ ist als Funktionswert dann der oberste Wert zu nehmen.

Als dritte Funktion findet man die Quantilfunktion vor. Für $0 < c < 1$ gibt *normalQuantil()* dasjenige x an, für das $P(X \leq x) = c$ ist. Diese Funktion ist also die Umkehrfunktion zur kumulativen Verteilungsfunktion. Bei diskreten Verteilungen wird als Wert der Quantilfunktion das kleinste x aus der Wertemenge von X geliefert, für das gerade $P(X \leq x) \geq c$ gilt, denn die Gleichung $P(X \leq x) = c$ ist nur für die wenigsten c lösbar. Für die Binomialverteilung liefert das in FATHOM die Funktion *BinomialQuantil()*.

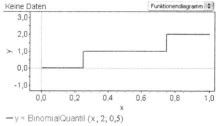
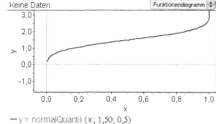

Gibt man beispielsweise ein $c = 0{,}5$ vor, dann kann man in der rechten Abbildung für die kontinuierliche Zufallsgröße X: „Wuchshöhe einer beliebigen Pflanze einer Sorte" den zugehörigen Funktionswert $y = 1{,}5$ ablesen. Das ist der Wert der Zufallsgröße für den $P(X \leq 1{,}5) = 0{,}5$ gilt.

Gibt man beispielsweise ein $c = 0{,}4$ vor, dann kann man in der linken Abbildung für die diskrete Zufallsgröße X: „Anzahl Wappen beim zweimaligen Münzwurf" den zugehörigen Funktionswert $y = 1$ ablesen. Das ist der kleinste Wert der Zufallsgröße für den gerade $P(X \leq 1) \geq 0{,}4$ gilt.

ANMERKUNG: Der Graph wird in FATHOM auch hier an den vertikalen Sprüngen durchgezeichnet dargestellt. An den Sprungstellen $x = 0{,}25$ und $x = 0{,}75$ ist als Funktionswert der oberste Wert zu nehmen.

Auf interessante Fragestellungen in Verbindung mit der Quantilfunktion gehen wir im weiteren Verlauf des Kapitels noch ausführlich ein.

7.2 Die Binomialverteilung

Genügt ein zufälliger Vorgang als Folge von n Zufallsexperimenten folgenden Bedingungen, so kann man diesen durch eine Binomialverteilung beschreiben:

- Ein Durchgang liefert mit einer bestimmten Wahrscheinlichkeit genau eines von nur zwei möglichen Ergebnissen, „Erfolg" bzw. „Misserfolg".
- Das Eintreten eines Ergebnisses bei einem Durchgang beeinflusst das Auftreten der Ergebnisse in einem anderen Durchgang nicht, präziser gesagt: die n Teilexperimente sind stochastisch unabhängig.

Hat das Ergebnis „Erfolg" die Wahrscheinlichkeit p, dann hat das Ergebnis „Misserfolg" die Wahrscheinlichkeit $1 - p$. Die Wahrscheinlichkeit für genau k Erfolge einer binomialverteilten Zufallsgröße X ist gegeben durch:

$$P(X = k) = B_{n,p}(k) = \binom{n}{k} p^k \cdot (1 - p)^{n-k} \text{ für } k = 0, 1, \ldots, n.$$

FATHOM stellt dafür die Funktion *BinomialWs(k;n;p)* zur Verfügung mit $n \in \mathbb{N}$, $0 < p < 1$ und $k = 0, 1, \ldots, n$.

7.2.1 Schrittweise Konstruktion einer Binomialverteilungstabelle

Bevor wir uns etwas genauer mit den in FATHOM zur Verfügung stehenden vordefinierten Funktionen einer binomialverteilten Zufallsgröße beschäftigen, wollen wir auf Basis der Bernoulli-Formel selbst eine Wahrscheinlichkeitsverteilung erzeugen. Als Beispiel soll eine binomialverteilte Zufallsgröße mit den

Parametern $p = 0{,}125$ und $n = 5$ genügen. Wir können uns darunter das 5malige Werfen eines idealen achtflächigen Würfels vorstellen. Eine Zufallsgröße X soll dann die Anzahl an Achten sein, die man bei 5maligen Werfen erhalten hat.

1. Ziehen Sie eine neue Datentabelle in den Arbeitsbereich. Geben Sie in die erste Spalte bei <neu> den Merkmalsnamen `Anzahl_Erfolge` ein. Wechseln Sie mit der Tab-Taste zunächst in die zweite Spalte, um den Merkmalsnamen `BinKoeff` einzugeben und dann in die dritte Spalte, um den Merkmalsnamen `BinWs` einzugeben. Dabei steht *BinKoeff* für die Anzahl an verschiedenen Möglichkeiten k Erfolge zu erhalten und *BinWs* für die einzelnen Wahrscheinlichkeiten.

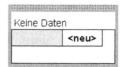

2. Wählen Sie über das Kontextmenü der Datentabelle **Formeln zeigen**. Es erscheint eine grau unterlegte Zeile, die mit einem Gleichheitszeichen beginnt. In diese Zeile sollen Sie nun Formeln eintragen.

3. Doppelklicken Sie in das Formelfeld des Merkmals *Anzahl_Erfolge*. Es öffnet sich der Formeleditor. Geben Sie `Index-1` ein. Damit können wir die für unsere Zufallsgröße möglichen Werte erzeugen. Bestätigen Sie Ihre Eingabe mit **OK**.

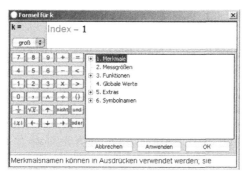

4. Doppelklicken Sie in das Formelfeld der zweiten Spalte und geben Sie `Kombinationen(5;Anzahl_Erfolge)` ein. Die Formel *Kombinationen(n;k)* ist in FATHOM vordefiniert und berechnet den Binomialkoeffizienten $\binom{n}{k}$. Sie finden diese Formel im Listenfenster des Formeleditors unter dem Gruppeneintrag **Funktionen>Arithmetik**.

5. Doppelklicken Sie in das Formelfeld der dritten Spalte. Über den Gruppeneintrag **Merkmale** im Listenfeld des Formeleditors und mit Hilfe des Tastenfeldes können Sie die Formel für die Berechnung einzelner Wahrscheinlichkeiten nun für $n = 5$ und $p = 0{,}125$ entsprechend zusammensetzen. Für Ihre Kontrolle finden Sie alle Formeln in der unten stehenden Abbildung.

6. Fügen Sie über das Kontextmenü der Datentabelle **Neue Fälle...** nun 6 Fälle hinzu. Jeder Fall steht für einen Wert k der binomialverteilten Zufallsgröße X: „Anzahl der geworfenen Achten in fünf Versuchen" und diese kann alle ganzen Zahlen von 0 bis 5 annehmen.

Kollektion 1				
	Anzahl_Erfolge	BinKoeff	BinWs	\<neu\>
=	Index − 1	Kombinationen (5; Anzahl_Erfolge)	BinKoeff·$0{,}125^{\text{Anzahl\_Erfolge}}$ $(1 − 0{,}125)^{5 − \text{Anzahl\_Erfolge}}$	
1	0	1	0,512909	
2	1	5	0,366364	
3	2	10	0,104675	
4	3	10	0,0149536	
5	4	5	0,00106812	
6	5	1	3,05176e-05	

7. Um die Zahldarstellung der dritten Spalte zu formatieren, wählen Sie über das Kontextmenü dieser Spalte **Änderung des Merkmalformats...** Wählen Sie als Einstellung **Feste Dezimalstellen** mit vier Dezimalstellen. Schon wirken die Zahlen übersichtlicher. Man sollte sich aber im Klaren darüber sein, dass die Wahrscheinlichkeit für fünf Achten nicht Null ist, nur eben so klein, dass sie bei diesem Format als Null erscheint.

Sie könnten die Tabelle noch um eine weitere Spalte erweitern, in der die einzelnen Wahrscheinlichkeiten über die Funktion *VorgängerWert()* aufsummiert würden. Auf diesem Wege würden Sie eine kumulierte Wahrscheinlichkeitsverteilung erhalten ohne die Funktion *BinomialKumulativ()* zu benutzen. Wir wollen stattdessen eine andere Erweiterungsmöglichkeit unter FATHOM vorstellen, die recht nützlich ist, wenn man dynamische Verteilungstabellen erstellen möchte. Die oben stehende Tabelle kann man im Prinzip immer wieder neu für beliebige n und p erzeugen. Wir lernen jetzt eine Möglichkeit kennen, n und p über Regler einzugeben, so dass dann die entsprechende Binomialverteilung in den ersten $n + 1$ Zeilen der Tabelle erscheint. Wir benötigen dazu eine *wenn*-Anweisung, um eine Anzeigealternative zu erzwingen. Es sollen nämlich nur die Zeilen mit Werten gefüllt sein, für die der Zeilenindex kleiner oder gleich $n + 1$ ist. Alle anderen Zeilen werden durch die Belegung mit "" von FATHOM als fehlende Werte interpretiert und bleiben in der Anzeige leer. Die fertige Umgebung zum Nachbauen zeigt folgende Abbildung.

Damit die Umgebung in der gewünschten Weise funktioniert, müssen Sie möglicherweise noch zwei Anpassungen vornehmen.

8. Doppelklicken Sie auf die Achse des Reglers n um dessen Info-Fenster zu öffnen. Geben Sie im Feld **Beschränke_auf_Vielfache_von** die Zahl 1 ein, damit n nur ganzzahlige Werte annehmen kann.

9. Fügen Sie über das Kontextmenü der Datentabelle **Neue Fälle...** soviel Fälle hinzu, dass die Kollektion z. B. 500 Fälle enthält.

Wir haben nun ein interaktives Arbeitsblatt konstruiert. Wenn man mit dem Regler ein $n \leq 500$ und ein p mit $0 < p < 1$ wählt, wird in der Datentabelle diese Binomialverteilung in den ersten $n + 1$ Zeilen dargestellt.

7.2.2 Berechnung einzelner Wahrscheinlichkeiten einer binomialverteilten Zufallsgröße

Betrachten wir folgendes Beispiel: Eine Klausur besteht aus zwei Teilen, wobei der erste Teil ein Multiple-Choice-Test von 18 Fragen mit zwei Antwortalternativen ist, der in 20 Minuten zu beantworten ist. Das Bestehen des ersten Teils ist Voraussetzung für die Teilnahme am zweiten Teil. Bestanden hat, wer mindestens 12 von 18 Fragen korrekt beantwortet. Wir interessieren uns für die Chance eines unvorbereiteten Studenten, für den zweiten Teil zugelassen zu werden, wenn er die Antworten auf die Fragen im ersten Teil nur rät.

Wir können diese Aufgabe auf verschiedene Art und Weise behandeln. Eine Möglichkeit in FATHOM ist, mit Hilfe der eingebauten Funktionen *BinomialWs()* und *BinomialKumulativ()* auf direktem Wege über eine Auswertungstabelle die gewünschten Wahrscheinlichkeiten zu berechnen.

1. Sind wie im Beispiel $n = 18$, $p = 0,5$ und $k = 12$ dann können Sie sich die Wahrscheinlichkeit für genau zwölf Erfolge recht einfach anzeigen lassen. Dazu ziehen Sie eine neue Auswertungstabelle in den Arbeitsbereich. Wählen Sie über das Kontextmenü der Auswertungstabelle **Formel hinzufügen**. Es öffnet sich der Formeleditor. Geben Sie `runde(BinomialWs(12;18;0,5);4)` ein. Es erscheint der zugehörige Wahrscheinlichkeitswert auf vier Nachkommastellen gerundet.

Den Test besteht man bei mindestens zwölf richtigen Antworten. Gesucht ist also die Wahrscheinlichkeit für zwölf oder mehr Erfolge $P(X \geq 12)$. Auch diesen Wert können Sie sich über eine Auswertungstabelle anzeigen lassen. Dazu benutzen Sie die in FATHOM eingebaute Funktion:

$$P(X \leq k - 1) := BinomialKumulativ(k - 1; n; p).$$

Damit ergibt sich:

$$P(X \geq 12) = 1 - P(X \leq 11) = 1 - BinomialKumulativ(11; 18; 0,5).$$

2. Nutzen Sie die vorhandene Auswertungstabelle und wählen Sie über deren Kontextmenü **Formel hinzufügen** aus. Es öffnet sich der Formeleditor. Geben Sie `runde(1-BinomialKumulativ(11;18;0,5);4)` ein. Es erscheint der zugehörige Wahrscheinlichkeitswert auf vier Nachkommastellen gerundet.

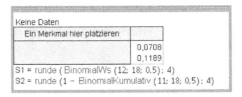

Damit haben wir die Frage nach der Chance, einfach durch Raten den Test zu bestehen, beantwortet. Sie ist mit knapp 12% nicht gerade groß. In den nachfolgenden Ausführungen soll dieses Beispiel wieder aufgegriffen werden.

Manchmal sind nicht nur einzelne Wahrscheinlichkeiten von Interesse, sondern man möchte sich die gesamte Verteilung vorstellen können. Sie werden in den folgenden Abschnitten kennenlernen, wie man in FATHOM Tabellen und Diagramme für Verteilungsfunktionen erstellt und auswertet.

7.2.3 Die Wahrscheinlichkeitsverteilung einer binomialverteilten Zufallsgröße

Tabellierung

Beginnen wir mit dem Aufbau einer Wahrscheinlichkeitstabelle für eine binomialverteilte Zufallsgröße mit den Parametern $n = 18$ und $p = 0,5$ unter Benutzung der in FATHOM eingebauten Funktionen zur Binomialverteilung. Vom Prinzip her unterscheidet sich das Vorgehen der Tabellenerstellung vom Vorgehen unter Abschnitt 7.2.1 nur durch die Nutzung vordefinierter Formeln für die Berechnung der Wahrscheinlichkeiten.

1. Ziehen Sie eine neue Datentabelle in den Arbeitsbereich. Geben Sie in die erste Spalte bei *<neu>* den Merkmalsnamen **k** für die Anzahl an Erfolgen ein und in die zweite Spalte den Merkmalsnamen **BinWs** für die zugehörigen Wahrscheinlichkeiten. Wählen Sie über das Kontextmenü der Datentabelle **Formeln zeigen**.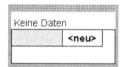

2. Doppelklicken Sie in das Formelfeld des Merkmals k und geben Sie **Index-1** ein. Bestätigen Sie Ihre Eingabe mit **OK**. Doppelklicken Sie in das Formelfeld der zweiten Spalte. Benutzen Sie die Ihnen schon bekannte Formel *BinomialWs(k;n;p)* und geben Sie in das Formelfenster **BinomialWs(k;18;0,5)** ein. Bestätigen Sie Ihre Eingabe mit **OK**.

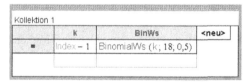

3. Wählen Sie über das Kontextmenü der Datentabelle **Neue Fälle...** und fügen Sie 19 Fälle hinzu. Jeder Fall steht für einen Wert k der binomialverteilten Zufallsgröße X: „Anzahl der richtig beantworteten Fragen" und diese kann alle ganzen Zahlen von 0 bis 18 annehmen.

4. Die Werte, die Sie dann in der zweiten Spalte erhalten, sind noch recht unübersichtlich. Eine Möglichkeit ist, die Werte auf eine bestimmte Nachkommastelle zu runden. Nutzen Sie die Funktion *runde()* um, die Zahlen auf vier Nachkommastellen zu runden. Öffnen Sie durch Doppelklicken in das Formelfeld der zweiten Spalte den Formeleditor. Markieren Sie die Formel. Wählen Sie durch Doppelklick aus dem Listenfenster **Funktionen>Arithmetik** die *runde()*-Anweisung aus. Sie wird automatisch um die markierte Formel herum gesetzt. Sie müssen noch die Zahl 4 eingeben. Bestätigen Sie Ihre Eingabe mit **OK**. Der komplette Ausdruck hat

dann folgende Gestalt: *runde(BinomialWs(k;18;0,5);4)*. Sie erhalten die folgende Tabelle:

Kollektion 2		
	k	**BinWs**
=	Index – 1	runde (BinomialWs (k; 18; 0,5); 4)
1	0	0
2	1	0,0001
3	2	0,0006
4	3	0,0031
5	4	0,0117
6	5	0,0327
7	6	0,0708
8	7	0,1214
9	8	0,1669
10	9	0,1855
11	10	0,1669
12	11	0,1214
13	12	0,0708
14	13	0,0327
15	14	0,0117
16	15	0,0031
17	16	0,0006
18	17	0,0001
19	18	0

Alternativ bietet FATHOM über das Kontextmenü einer Spalte der Datentabelle **Ändern des Merkmalformats...** eine andere Möglichkeit der Formatierung eines Merkmals an. In dem Fenster **Merkmalformat** können Sie dann beispielsweise die Option **Feste Dezimalstellen** wählen und die gewünschte Anzahl in das entsprechende Feld eintragen. Beachten Sie, dass die Wahrscheinlichkeit für $k = 0$ bzw. $k = 18$ Erfolge nur aufgrund der Formatierung als 0 erscheint. Tatsächlich liegt sie darüber.

Visualisierung als Säulendiagramm

Es ist nützlich, tabellierte Wahrscheinlichkeitsverteilungen auch anschaulich darzustellen. Dazu benutzt man in FATHOM das Objekt **Graph**. FATHOM bietet u. a. die Darstellung als Säulendiagramm an.

5. Ziehen Sie einen neuen Graphen in den Arbeitsbereich. Platzieren Sie das Merkmal k auf die horizontale Achse im Graphikfenster und lassen es bei gedrückter Shift-Taste fallen. Ändern Sie die Formel für die Höhe der Säulen von *Anzahl()* in *BinWs*, indem Sie auf *Anzahl()* doppelklicken und den Eintrag im Formeleditor ändern. Sie erhalten das rechts abgebildete Säulendiagramm.

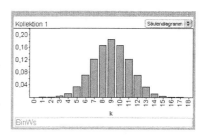

Visualisierung als Treppenfunktion

Wir können die Wahrscheinlichkeitsverteilung $P(X = k)$ einer binomialverteilten Zufallsgröße X mit den Parametern n und p auch mit Hilfe eines Funktionendiagramms veranschaulichen. Das ist die andere Möglichkeit der Visualisierung, die FATHOM anbietet. Dazu betrachten wir für vorgegebene n und p die Funktion $f(x) = BinomialWs(runde(x); n; p))$. Für $k - \frac{1}{2} \le x < k + \frac{1}{2}$ ist $f(x) = P(X = k)$.

6. Ziehen Sie einen neuen Graphen in den Arbeitsbereich. Schalten Sie die Diagrammanzeige auf **Funktionendiagramm**. Wählen Sie im Kontextmenü des Diagrammbereiches **Funktion einzeichnen**. Es öffnet sich der Formeleditor. Geben Sie als Formel `BinomialWs(runde(x);18;0,5)` ein. Beachten Sie: Zur Diskretisierung werden die Werte x der Zufallsgröße durch *runde()* auf ganze Zahlen gerundet. Über das Kontextmenü des Funktionendiagramms **Info Graph** sollten Sie noch den Anzeigebereich für x bzw. y anpassen.

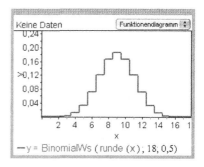

Dieser Graph ist nicht wirklich der Graph der Funktion f, da er an den Sprungstellen durchgezeichnet dargestellt wird. Es gilt aber an den Stellen $x = 0, 1, 2, \ldots$ als Funktionswert immer der am höchsten stehende Wert. Der Graph ist im Grunde auch deshalb „unnatürlich", da er eine diskrete Funktion mittels einer kontinuierlichen Funktion visualisiert. Gegenüber dem Säulendiagramm bestehen aber Vorteile, die weiter unten noch deutlich werden, z. B. kann man weitere Werte wie den Erwartungswert oder eine weitere Funktion in das gleiche Funktionendiagramm einzeichnen.

Berechnung kumulierter Wahrscheinlichkeiten mit Hilfe der Tabellierung

Da die Wahrscheinlichkeitswerte in der Spalte *BinWs* der Tabelle unter Punkt 4 bereits tabelliert vorliegen, können Sie mit Hilfe dieser Tabelle auch kumulierte Wahrscheinlichkeiten bestimmen. Will man z. B. auf diesem Wege die Frage nach der Wahrscheinlichkeit von zwölf oder mehr Erfolgen für den obigen Multiple-Choice-Test beantworten, muss man folgendermaßen vorgehen: Wir müssen die Summe aller Werte der Spalte *BinWs* errechnen, aber nur für diejenigen Fälle, für die $k \geq 12$ ist. Das FATHOM-Kommando *Summe(BinWs)* liefert die Summe der ganzen Spalte, das ergibt 1. Man kann nun bei FATHOM-Kommandos einen Filter angeben, so dass die Summe nur für eine Teilmenge berechnet wird (vgl. Kapitel 2). $P(X \geq k) = Summe(BinWs; k \geq 12)$ liefert die gesuchte Wahrscheinlichkeit.

7. Ziehen Sie eine neue Auswertungstabelle in den Arbeitsbereich. Platzieren Sie das Merkmal *BinWs* in das Fenster der Auswertungstabelle. Es erscheint die Formel *aMittel()* für das arithmetische Mittel des Merkmals. Öffnen Sie durch Doppelklick auf die Formel den Formeleditor und tragen Sie stattdessen die Formel `Summe(BinWs;k≥12)·100` ein. Bestätigen Sie mit **OK**. Die Angabe 11,9 entspricht der bereits oben ausgerechneten Wahrscheinlichkeit in Prozent.

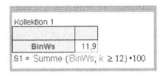

7.2.4 Die kumulative Verteilungsfunktion einer binomialverteilten Zufallsgröße

Manchmal ist es nützlich, wenn man auf die Wahrscheinlichkeiten $P(X \leq k)$ in Form einer tabellierten Verteilung zurückgreifen kann.

Eine binomialverteilte Zufallsgröße X mit den Parametern n und p kann durch die kumulative Verteilungsfunktion

$$F(x) := P(X \leq x) \text{ für } x \in \mathbb{R}$$

beschrieben werden. Dabei ist dann

(1) $F(x) = 0$ für $x < 0$,

(2) $F(x) = 1$ für $x > n$ und

(3) $F(x) = \sum_{i=0}^{[x]} \binom{n}{i} p^i \cdot (1-p)^{n-i}$ für $0 \leq x \leq n$.

$[x]$ bezeichnet die „Gaußklammer". Für $x = 0, 1, 2, \ldots, n$ ist $[x] = x$ und für $k < x < k+1$ mit $k = 0, 1, \ldots, n$ ist $[x] = k$ und somit $P(X \leq x) = P(X \leq k)$. Das heißt, die Wahrscheinlichkeit ändert sich in diesem Bereich nicht, da die Zufallsgröße X nur ganze Zahlen annehmen kann. Diese Funktion $F(x)$ wird in FATHOM durch das Kommando *BinomialKumulativ(x;n;p)* errechnet. Im Unterschied zu *BinomialWs()* kann man bei x beliebige Zahlen eingeben und braucht vorher nicht zu runden. Wir wollen uns Teil (3) der Definition mit Hilfe von Auswertungstabellen veranschaulichen. Dazu bleiben wir beim obigen Beispiel des Multiple-Choice-Tests. Wie man in der unten stehenden Abbildung leicht sieht, ist für $x = 12$ die kumulierte Wahrscheinlichkeit $P(X \leq x) = 0{,}9519$. Sie bleibt im Bereich $12 < x < 13$ unverändert, erst bei $x = 13$ erfolgt wieder ein Sprung mit einer Höhe von $P(X = 13) = 0{,}0327$.

Keine Daten

Ein Merkmal hier platzieren	
	0,9519

S1 = runde (BinomialKumulativ (x; 18; 0,5); 4)

x = 12,0

0   4   8   12   16   20

Keine Daten

Ein Merkmal hier platzieren	
	0,9519

S1 = runde (BinomialKumulativ (x_1; 18; 0,5); 4)

x_1 = 12,8

0   4   8   12   16   20

Keine Daten

Ein Merkmal hier platzieren	
	0,9846

S1 = runde (BinomialKumulativ (x_2; 18; 0,5); 4)

x_2 = 13,0

0   4   8   12   16   20

Tabellierung für $x = 0, 1, \ldots, n$

8. Erweitern Sie die Tabelle unter Punkt 4 um ein weiteres Merkmal und geben Sie in der dritten Spalte den Merkmalsnamen `SumBinWs` ein. Durch Doppelklicken in die Formelzeile gelangen Sie in das Formelfenster. Geben Sie in das Formelfeld `BinomialKumulativ(k;18;0,5)` ein und bestätigen Sie über **OK**. Es erscheinen in der dritten Tabellenspalte jetzt die kumulierten Wahrscheinlichkeiten. Für unser Beispiel suchten wir die Wahrscheinlichkeit, bei $n = 18$ Fragen mindestens $x = 12$ Erfolge bei einer Erfolgswahrscheinlichkeit $p = 0{,}5$ zu erzielen. Die Antwort auf diese Frage kann man nun auch mit ein bisschen Geschick aus der folgenden Tabelle ablesen:

$$P(X \geq 12) = 1 - P(X \leq 11) = 1 - 0{,}8811 \approx 11{,}9\%.$$

Kollektion 1

	k	BinWs	SumBinWs
=	Index – 1	runde (BinomialWs (k; 18; 0,5) ; 4)	runde (BinomialKumulativ (k; 18; 0,5) ; 4)
1	0	0	0
2	1	0,0001	0,0001
3	2	0,0006	0,0007
4	3	0,0031	0,0038
5	4	0,0117	0,0154
6	5	0,0327	0,0481
7	6	0,0708	0,1189
8	7	0,1214	0,2403
9	8	0,1669	0,4073
10	9	0,1855	0,5927
11	10	0,1669	0,7597
12	11	0,1214	0,8811
13	12	0,0708	0,9519
14	13	0,0327	0,9846
15	14	0,0117	0,9962
16	15	0,0031	0,9993
17	16	0,0006	0,9999
18	17	0,0001	1
19	18	0	1

Visualisierung als Treppenfunktion

Wir können die Verteilungsfunktion $F(x)$ auch mit Hilfe eines Funktionendiagramms veranschaulichen. Betrachten wir für vorgegebene n und p die
Funktion $F(x) = BinomialKumulativ(x; 18; 0,5)$.

9. Ziehen Sie einen neuen Graphen in den Arbeitsbereich. Schalten Sie die
   Diagrammanzeige auf **Funktionendiagramm**. Wählen Sie im Kontextmenü des Diagrammbereiches **Funktion einzeichnen**. Es öffnet sich der
   Formeleditor. Geben Sie BinomialKumulativ(x;18;0,5) ein und bestätigen Sie mit **OK**. Wählen Sie **Info Graph** über das Kontextmenü des
   Funktionendiagramms und passen Sie noch den Anzeigebereich für x bzw.
   y an.

Diese Darstellungsform des Graphen der
kumulativen Verteilungsfunktion $F(x)$ in
Form einer durchgezeichneten Treppe be-
darf einer Erläuterung. Die übliche Darstellung ist eine rechtsstetige Treppenfunktion mit $lim_{h\to 0\downarrow} F(x + h) = F(x)$
und Sprungstellen bei $x = 0, 1, \ldots, 18$.
Hier wird hingegen bei den Sprungstellen
durchgezeichnet.

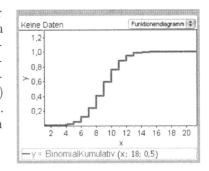

7.2.5 Die Quantilfunktion einer binomialverteilten Zufallsgröße

Bei statistischen Fragestellungen möchte man zu vorgegebener Wahrscheinlichkeit c, z. B. $c = 0{,}95$, dasjenige k finden, für das $P(X \leq k) = c$ ist. Um
diesen Zusammenhang zu verdeutlichen haben wir noch einmal zwei Spalten
der voranstehenden Tabelle neu dargestellt. Für diejenigen c, die in der Tabelle in der Spalte *SumBinWs* stehen, kann man das zugehörige k sofort aus
der ersten Spalte ablesen. So ist für $c = 0{,}9519$ das zugehörige $k = 12$.

Für alle anderen c mit $0 < c < 1$ ist die Gleichung $P(X \leq k) = c$ nicht
lösbar. Wir suchen dann das kleinste k, so dass $P(X \leq k) \geq c$ ist. Als Beispiel
wählen wir $c = 0{,}1$. Wie man aus der unten stehenden Tabelle ablesen kann,
ist das kleinste k, das die Ungleichung erfüllt, $k = 6$, denn $P(X \leq 5) <$
$0{,}1$ und $P(X \leq 6) \geq 0{,}1$. Diese zu c gehörenden k's liefert die Funktion
BinomialQuantil(c;n;p) in FATHOM automatisch.

Kollektion 2		
	k	SumBinWs
=	Index − 1	runde (BinomialKumulativ (k; 18; 0,5) ; 4)
1	0	0
2	1	0,0001
3	2	0,0007
4	3	0,0038
5	4	0,0154
6	5	0,0481
7	6	0,1189
8	7	0,2403
9	8	0,4073
10	9	0,5927
11	10	0,7597
12	11	0,8811
13	12	0,9519
14	13	0,9846
15	14	0,9962
16	15	0,9993
17	16	0,9999
18	17	1
19	18	1

Schauen wir uns das zunächst an einem einfachen Beispiel an.

1. Ziehen Sie eine neue Auswertungstabelle in den Arbeitsbereich. Fügen Sie
   dieser die Formel *BinomialQuantil(c;4;0,5)* hinzu (Kontextmenü: **Wert
   einzeichnen...**). Da c alle Wahrscheinlichkeitswerte im Intervall $[0;1]$ annimmt, ziehen Sie zusätzlich noch einen neuen Regler in den Arbeitsbereich. Benennen Sie diesen Regler mit c, öffnen Sie durch Doppelklick in

das Reglerfenster dessen Info-Fenster und verändern Sie den Wertebereich des Reglers entsprechend auf 0 bei *Anfang_* und 1 bei *Ende_* .

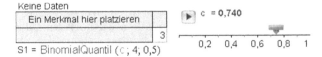

2. Lassen Sie c durch das Intervall wandern, indem Sie auf den Animationsbutton drücken. Sie werden feststellen, dass unsere Beispielfunktion nur die Funktionswerte $0, 1, 2, 3, 4$ für bestimmte c annimmt. Diese Funktionswerte sind genau die möglichen Werte der diskreten Zufallsgröße X.

Nachdem wir uns ein Bild davon verschafft haben, welche Werte die Quantilfunktion liefert, ist es nun interessant zu fragen, welche Eigenschaften die Quantilfunktion als Funktion hat. Dazu ist es notwendig, die Funktion zu tabellieren und graphisch darzustellen.

Visualisierung als Tabelle

Wir erzeugen jetzt eine Wertetabelle der Quantilfunktion. Dazu zerlegen wir das Wahrscheinlichkeitsintervall $[0, 1]$ z. B. in 10000 Teilintervalle der Länge $l = 1/10000$ und berechnen an den Intervallenden die Funktionswerte.

3. Ziehen Sie eine neue Datentabelle in den Arbeitsbereich. Geben Sie in der ersten Spalte bei <*neu*> als Merkmalsnamen c ein. Wählen Sie über das Kontextmenü der Datentabelle **Formeln zeigen**. Die Formelzeile wird angezeigt. Doppelklicken Sie in die Formelzeile der ersten Spalte. Es öffnet sich der Formeleditor. Geben Sie die Formel Index/10000 ein. Verlassen Sie den Formeleditor und fügen Sie über die Option **Neue Fälle...** aus dem Kontextmenü in zwei Schritten jeweils 5000 Fälle hinzu.

Kollektion 1		
	c	Anzahl_Erfolge_k
	Index / 10000	BinomialQuantil (c; 18, 0,5)
1	0,0001	2
2	0,0002	2
3	0,0003	2
4	0,0004	2
5	0,0005	2
6	0,0006	2
7	0,0007	3
8	0,0008	3
9	0,0009	3
10	0,001	3
11	0,0011	3
12	0,0012	3

4. Geben Sie in der zweiten Spalte als Merkmalsname Anzahl_Erfolge_k ein. Öffnen Sie durch Doppelklicken in die Formelzeile der zweiten Spalte den Formeleditor und geben Sie die Ihnen schon bekannte Funktion BinomialQuantil(c;18;0,5) ein.

Wir visualisieren die Tabelle in einem Streudiagramm.

5. Ziehen Sie einen neuen Graphen in den Arbeitsbereich. Platzieren Sie das Merkmal c in den waagrechten Achsenbereich und das Merkmal *Anzahl_Erfolge_k* in den senkrechten Achsenbereich. Es erscheint ein Streudiagramm, das die Quantilfunktion als Treppenfunktion veranschaulicht.

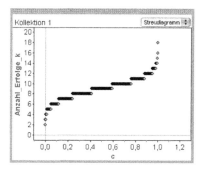

Visualisierung als Treppenfunktion

Wir können die Quantilfunktion auch mit Hilfe eines Funktionendiagramms veranschaulichen. Betrachten wir für vorgegebene n und p die Funktion $Q(x) = BinomialQuantil(x; 18; 0{,}5)$ für $0 \leq x \leq 1$. Daraus ergibt sich ebenso der typische treppenförmige, monoton wachsende Verlauf des Funktionsgraphen.

6. Ziehen Sie einen neuen Graphen in den Arbeitsbereich. Stellen Sie die Diagrammanzeige auf **Funktionendiagramm** ein. Wählen Sie im Kontextmenü des Diagrammbereiches **Funktion einzeichnen**. Geben Sie als Formel `BinomialQuantil(x;18;0,5)` ein. Wählen Sie über das Kontextmenü **Info Graph**, um den Anzeigebereich für x bzw. y anzupassen.

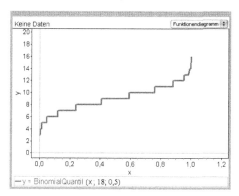

ANMERKUNG: Das Funktionendiagramm zeichnet den Graphen bei den Sprungstellen senkrecht nach oben weiter, obwohl nur der obere Wert als Funktionswert an dieser Stelle zählt.

Man möchte in der Statistik z.B. wissen, zwischen welchen Werten k_1 und k_2 einer Zufallsgröße X die mittleren 95% Wahrscheinlichkeit liegen, d.h. für die $P(k_1 \leq X \leq k_2) = 95\%$ gilt. Diese Bedingung ist i.A. nur angenähert zu erfüllen. Wir können dieses Problem auch mit Hilfe der Quantilfunktion lösen. Es ist naheliegend $k_1 = Q(0{,}025)$ und $k_2 = Q(0{,}975)$ zu wählen, dann ist:

$$P(X \leq Q(0{,}975)) - P(X < Q(0{,}025)) \geq 97{,}5\% - P(X < Q(0{,}025))$$

$$> 97{,}5\% - 2{,}5\% = 95\%.$$

Die Ungleichungen folgen aus der Definition der Quantilfunktion.

Die Abschätzung sichert ab, dass mindestens 95% Wahrscheinlichkeit der Verteilung im Intervall $[k_1; k_2]$ liegen. Im Allgemeinen sind es etwas mehr. Insbesondere für Testsituationen ist diese Abschätzung nach unten sinnvoll, um auf der sicheren Seite zu sein.

Zur Veranschaulichung nutzen wir wieder unseren Multiple-Choice-Test mit den beiden Parametern $n = 18$ und $p = 0{,}5$.

7. Ziehen Sie eine neue Auswertungstabelle in den Arbeitsbereich. Geben Sie die Ihnen schon vertraute Funktion mit folgenden Werten ein: `BinomialQuantil(0,025;18;0,5)` und `BinomialQuantil(0,975;18;0,5)`. Im Ergebnis erhalten Sie $k = 5$ bzw. $k = 13$. Das bedeutet, dass ein Testergebnis mit mindestens 95% Wahrscheinlichkeit in das Intervall $[5; 13]$ fällt.

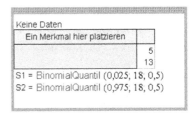

Wir wollen uns dieses Ergebnis noch einmal verdeutlichen, indem wir für diese k_1 und k_2 die kumulierten Wahrscheinlichkeiten berechnen bzw. aus der Tabellenspalte der kumulierten Wahrscheinlichkeitsverteilung (vgl. Beginn dieses Abschnitts) ablesen.

$$P(5 \leq X \leq 13) = P(X \leq 13) - P(X \leq 4) = 0{,}9846 - 0{,}0154 = 0{,}9692$$

$$P(5 < X \leq 13) = P(X \leq 13) - P(X \leq 5) = 0{,}9846 - 0{,}0481 = 0{,}9365$$

$$P(5 \leq X < 13) = P(X \leq 12) - P(X \leq 4) = 0{,}9519 - 0{,}0154 = 0{,}9365$$

$$P(5 < X < 13) = P(X \leq 12) - P(X \leq 5) = 0{,}9519 - 0{,}0481 = 0{,}9038$$

Die Rechnungen illustrieren die allgemeine Abschätzung. Ein kleineres Intervall als $[5; 13]$ enthält nicht mindestens 95% der Wahrscheinlichkeit.

7.2.6 Kennwerte der Binomialverteilung

Wichtige Kennwerte einer Wahrscheinlichkeitsverteilung sind der Erwartungswert μ und die Standardabweichung σ. Für die Wahrscheinlichkeitsverteilung einer binomialverteilten Zufallsgröße mit den Parametern $n = 18$ und $p = 0{,}5$ gilt:

$$\mu = n \cdot p = 18 \cdot 0{,}5 = 9 \text{ und } \sigma = \sqrt{n \cdot p \cdot (1 - p)} \approx 2{,}12.$$

Diese Werte kann man in FATHOM sehr schnell in ein Funktionendiagramm einzeichnen lassen.

1. Ziehen Sie einen neuen Graphen in den Arbeitsbereich. Wählen Sie die Anzeige **Funktionendiagramm**. Wählen Sie über das Kontextmenü des Funktionendiagramms **Funktion einzeichnen**. Es öffnet sich der Formeleditor. Geben Sie `BinomialWs(runde(x);18;0,5)` ein. Bestätigen Sie Ihre Eingabe mit **OK**. Passen Sie mit Hilfe der Maus oder über die Option **Info Graph** aus dem Kontextmenü den Anzeigebereich der Achsen an. Wählen Sie über das Kontextmenü des Funktionendiagramms **Wert einzeichnen** aus. Geben Sie in den Formeleditor die Zahl 9 für den Erwartungswert ein. Bestätigen Sie Ihre Eingabe mit **OK**. Es erscheint eine senkrechte Linie über $x = 9$. Verfahren Sie ebenso mit den beiden anderen Werten, die im Abstand der einfachen Standardabweichung vom Erwartungswert durch zwei Linien dargestellt werden.

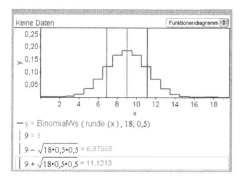

Wir verfolgen an dieser Stelle noch ein weiteres Anliegen, nämlich die Anzeige von ganz bestimmten σ-Umgebungen um den Erwartungswert. Hintergrund ist der, dass man bestimmten Umgebungen des Erwartungswerts gewisse Wahrscheinlichkeiten zuordnen kann, so der $1{,}96\,\sigma$-Umgebung die Wahrscheinlichkeit von 95%, d. h. $P(\mu - 1{,}96\,\sigma < X < \mu + 1{,}96\,\sigma) \approx 95\%$. Zwar gilt dies exakt nur für die Normalverteilung, passt aber auch bei hinreichend großem Umfang n für die Binomialverteilung sehr gut (Faustregel: $\sigma > 3$). Bei einem kleineren Umfang n wird die Nutzung dieser Näherung nicht empfohlen. Für unser Beispiel ist $\sigma = \sqrt{4{,}5}$, also $\sigma < 3$. Erhalten wir trotzdem das gleiche Ergebnis für die mittleren 95% wie bei Anwendung der Quantilfunktion?

2. Duplizieren Sie das Funktionendiagramm über die Option **Graph duplizieren** aus dem Kontextmenü. Ändern Sie die Formeln, indem Sie durch Doppelklicken auf diese den Formeleditor öffnen und jeweils 1,96 ergänzen (vgl. folgende Abbildung). Bestätigen Sie mit **OK**.

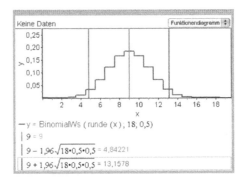

Der $1{,}96\sigma$-Umgebung entspricht in diesem Beispiel das Intervall $[5; 13]$, da die Wahrscheinlichkeitsverteilung $P(X = k)$ nur ganze Zahlen annimmt. Damit erhalten wir für unseren speziellen Fall auf diesem Wege dasselbe Ergebnis wie bei der Anwendung der Quantilfunktion, nämlich das Intervall $[5; 13]$. Es ist exakt $P(5 \leq X \leq 13) = 96{,}92\%$.

7.3 Simulation von Binomialverteilungen

7.3.1 Simulation einer Wahrscheinlichkeitsverteilung über Zufallsfunktionen

Es gibt es Situationen, in denen es sinnvoll ist, nicht auf die theoretische Wahrscheinlichkeitsverteilung zurückzugreifen, sondern mittels Zufallsfunktionen eine Wahrscheinlichkeitsverteilung zu simulieren. Für diese Form der Simulation stellt FATHOM in der Rubrik **Zufallszahlen** eine Reihe an Zufallsgeneratoren zur Verfügung, z. B. die Funktion *ZufallBinomial(n;p)*. Wir wollen uns zunächst an einem einfachen Beispiel anschauen, was diese Funktion leistet. Dazu bleiben wir bei unserem Multiple-Choice-Test mit einer Länge von $n = 18$ Fragen und einer Erfolgswahrscheinlichkeit für jede Frage von $p = 0{,}5$.

1. Ziehen Sie eine neue Auswertungstabelle in den Arbeitsbereich und wählen Sie über das Kontextmenü **Formel hinzufügen**. Es öffnet sich der Formeleditor. Wenn Sie jetzt den Ausdruck `ZufallBinomial(18;0,5)` eingeben und Ihre Eingabe mit **OK** bestätigen, erscheint in der Auswertungstabelle eine Zahl aus dem Bereich $0, 1, \ldots, 18$.

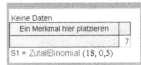

Die Funktion erzeugt zufällig Werte k der Zufallsgröße X. Jedes k tritt dabei mit der Wahrscheinlichkeit $\binom{18}{k} p^k (1-p)^k$ auf. Wir simulieren die Binomialverteilung nun 5000mal.

2. Ziehen Sie eine neue Datentabelle in den Arbeitsbereich. Nennen Sie die erste Spalte *MC_18* für den Multiple-Choice-Test mit 18 Fragen. Wählen Sie aus dem Kontextmenü **Formeln zeigen** aus, um die Formelzeile einzublenden. Öffnen Sie durch Doppelklicken den Formeleditor und geben Sie `ZufallBinomial(18;0,5)` ein. Fügen Sie über **Neue Fälle...** im Kontextmenü 5000 neue Fälle hinzu.

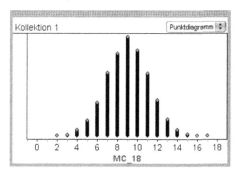

3. Ziehen Sie einen neuen Graphen in den Arbeitsbereich. Platzieren Sie das Merkmal *MC_18* in den waagerechten Anzeigebereich. Sie erhalten eine Darstellung als Punktdiagramm.

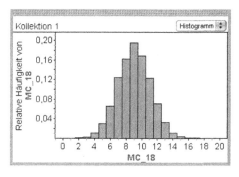

4. Sie können nun die Art der Darstellung auf Histogramm ändern, indem Sie das Pull-down-Menü rechts oben in der Abbildung öffnen und **Histogramm** auswählen. Dann ist es auch möglich die Skala auf relative Häufigkeiten umzustellen. Dazu müssen Sie die Option **Skala>relative Häufigkeit** aus dem Kontextmenü wählen.

Mit der Darstellung als Histogramm können Sie nun zusätzlich Werte bzw. Funktionen in das Diagramm einzeichnen lassen. Wir wollen als Wert den Mittelwert der durch Simulation erzeugten Binomialverteilung anzeigen lassen und als Funktion die in FATHOM durch *BinomialWs()* festgelegte Wahrscheinlichkeitsverteilung.

5. Wählen Sie über das Kontextmenü des Diagramms **Wert einzeichnen** aus. Es öffnet sich der Formeleditor. Geben Sie `aMittel()` ein und bestätigen Sie Ihre Eingabe mit **OK**. Wählen Sie über das Kontextmenü des Diagramms **Funktion einzeichnen**. Geben Sie `BinomialWs(runde(x);18; 0,5)` in das Formelfenster des erscheinenden Formeleditors ein. Bestätigen Sie Ihre Eingabe mit **OK**. Wenn Sie nun über die Tastatur Strg+Y betätigen, werden Sie sehen, wie sich die simulierte Verteilung um die Wahrscheinlichkeitsverteilung bewegt.

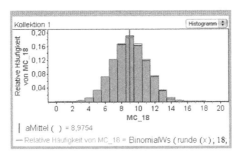

Wir sehen auch, dass der simulierte Mittelwert nahe beim theoretischen Wert liegt. Die eingezeichnete Funktion können wir so direkt nur mit einem Histogramm relativer Häufigkeiten vergleichen, das eine Klasseneinteilung der Breite 1 besitzt und die bei 0 startet. Bei anderen Histogrammen müsste die Funktion verändert werden.

7.3.2 Simulation mehrerer Wahrscheinlichkeitsverteilungen über Zufallsfunktionen

Wir wollen nun mehrere solcher Zufallsstichprobenverteilungen in einem Diagramm darstellen, um sie hinsichtlich ihres Aussehens miteinander vergleichen zu können. Die Frage lautet: Wie verändert sich die Bestehenswahrscheinlichkeit von $\frac{2}{3}$ des Multiple-Choice-Tests von 18 Fragen, wenn man den Umfang der Fragen halbiert bzw. verdoppelt?

6. Ziehen Sie eine neue Datentabelle in den Arbeitsbereich. Benennen Sie die ersten drei Spalten mit den Merkmalsnamen *MC_9* für einen Multiple-Choice-Test mit neun Fragen, *MC_18* für 18 Fragen und *MC_36* für 36 Fragen. Wählen Sie über das Kontextmenü der Datentabelle **Formeln zeigen** aus.

Kollektion 2			
	MC_9	MC_18	MC_36	<neu>
=				

Wir simulieren jetzt direkt den Anteil richtig gelöster Fragen durch die Formel

$$\frac{\texttt{ZufallBinomial}(n;0{,}5)}{n} \text{ für } n = 9, 18, 36.$$

7. Öffnen Sie dazu durch Doppelklicken in die Formelzeile der ersten Spalte den Formeleditor und geben Sie die unten stehende Formel ein. Bestätigen Sie Ihre Eingabe mit **OK**. Verfahren Sie so auch in den beiden anderen Spalten. Fügen Sie über die Option **Neue Fälle...** aus dem Kontextmenü 5000 neue Fälle hinzu.

Ein Fall steht für einen durchgeführten Test. Wir haben den zufälligen Vorgang für alle drei Testumfänge jeweils 5000mal simuliert.

Kollektion 2			
	MC_9	MC_18	MC_36	<r
=	ZufallBinomial (9; 0,5)	ZufallBinomial (18; 0,5)	ZufallBinomial (36; 0,5)
	9	18	36
1	0,222222	0,777778	0,472222
2	0,888889	0,388889	0,444444
3	0,555556	0,611111	0,444444
4	0,222222	0,555556	0,361111
5	0,666667	0,555556	0,472222
6	0,888889	0,555556	0,722222
7	0,777778	0,5	0,472222
8	0,888889	0,611111	0,444444
9	0,444444	0,5	0,388889

8. Ziehen Sie einen neuen Graphen in den Arbeitsbereich und platzieren Sie das erste Merkmal in den waagrechten Bereich des Diagramms. Fügen Sie die anderen Merkmale in das gleiche Diagramm ein, indem Sie diese auf das Pluszeichen links unten ablegen, um eine komposite Graphik zu erhalten. Ordnen Sie wenn nötig die Merkmale auf der senkrechten Achse neu an, indem Sie die Merkmalsnamen mit der Maus verschieben.

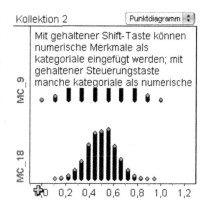

9. Fügen Sie über die Option **Wert ein-zeichnen** aus dem Kontextmenü den relativen Anteil an richtig zu beantwortenden Fragen von $\frac{2}{3}$ hinzu, der für das Bestehen mindestens notwendig ist. Man sieht im Punktdiagramm sehr deutlich, dass bei einer Verkürzung des Multiple-Choice-Tests die Chancen für das Bestehen durch Nur-Raten nochmals steigen.

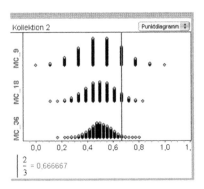

Das wollen wir auch rechnerisch über Auswertungstabellen noch einmal zeigen:

Kollektion 2	
MC_9	0,2528

$S1 = \text{Anteil}\left(MC\_9 \geq \dfrac{2}{3}\right)$

Kollektion 2	
MC_18	0,1092

$S1 = \text{Anteil}\left(MC\_18 \geq \dfrac{2}{3}\right)$

Kollektion 2	
MC_36	0,03

$S1 = \text{Anteil}\left(MC\_36 \geq \dfrac{2}{3}\right)$

7.4 Reale Daten und Binomialverteilung

In einer Studie von Geissler wurden im 19. Jahrhundert in Preußen bei 10690 Familien mit zwölf Kindern die Anzahl der Jungen unter den zwölf Kindern ermittelt.[1] Das Ergebnis ist in der nebenstehenden Tabelle festgehalten. Wir interessieren uns nun für die Frage, wie gut die empirisch erhobenen Daten durch eine binomialverteilte Zufallsgröße mit den Parametern $p = 0,5$ und $n = 12$ beschrieben werden können. Dazu erstellen wir als erstes eine Wertetabelle, die die erhobenen Daten enthält (siehe rechts).

	Jungenzahl	Familienzahl	<neu>
1	0	6	
2	1	29	
3	2	160	
4	3	521	
5	4	1198	
6	5	1821	
7	6	2360	
8	7	2033	
9	8	1398	
10	9	799	
11	10	298	
12	11	60	
13	12	7	

Geissler_12

1. Ziehen Sie eine neue Datentabelle in den Arbeitsbereich. Ersetzen Sie in der ersten Spalte *<neu>* durch den Merkmalsnamen *Jungenzahl* und in der zweiten Spalte durch *Familienzahl*. Geben Sie die Zahlenwerte über die Tastatur ein.

---

[1] Biehler, Rolf. (2005). Authentic modelling in stochastics education – the case of the binomial distribution. in: Henn, W./ Kaiser, G. (Hrsg.). Festschrift für Werner Blum. Hildesheim: Franzbecker 2005, S. 19–30

Wir wollen die Wertetabelle jetzt noch um drei Spalten erweitern: In der dritten Spalte wollen wir die theoretische Wahrscheinlichkeit für eine bestimmte Jungenzahl mit Hilfe der Binomialverteilung berechnen lassen. In der vierten Spalte multiplizieren wir die die berechnete Wahrscheinlichkeit mit der Gesamtfamilienzahl, damit wir die Anzahl an Familien mit einer bestimmten Jungenzahl anzeigen lassen können. In der letzten Spalte wollen wir noch die Differenz von empirischen Familienanzahlen und theoretisch bestimmten Familienanzahlen bestimmen.

2. Ersetzen Sie in der dritten Spalte *<neu>* durch den Merkmalsnamen *BinWs*. Verfahren Sie so in den weiteren Spalten mit *FamilienzahlErw* und *Residuen*.

3. Blenden Sie die Formelzeile ein, indem Sie die Option **Formeln zeigen** aus dem Kontextmenü wählen. Doppelklicken Sie in die Formelzeile der dritten Spalte, es öffnet sich der Formeleditor. Geben Sie die Formel `BinomialWs(Jungenzahl;12;0,5)` ein.

4. Stellen Sie die Anzahl der Dezimalstellen für diese Spalte auf vier Stellen fest ein, indem Sie über das Kontextmenü **Merkmalformat ändern...** wählen.

5. Doppelklicken Sie in die Formelzeile der vierten Spalte und geben Sie die Formel `BinomialWs·10690` ein. Doppelklicken Sie in die Formelzeile der fünften Spalte und geben Sie die Formel `Familienzahl-FamilienzahlErw` ein.

6. Stellen Sie die Anzahl der Dezimalstellen für diese beiden Spalten auf null Stellen fest ein, indem Sie über das Kontextmenü **Merkmalformat ändern...** wählen.

Geissler_12

	Jungenzahl	Familienzahl	BinWs	FamilienzahlErw	Residuen
=			BinomialWs (Jungenzahl, 12, 0,5)	BinWs·10690	Familienzahl – FamilienzahlErw
1	0	6	0,0002	3	3
2	1	29	0,0029	31	-2
3	2	160	0,0161	172	-12
4	3	521	0,0537	574	-53
5	4	1198	0,1208	1292	-94
6	5	1821	0,1934	2067	-246
7	6	2360	0,2256	2412	-52
8	7	2033	0,1934	2067	-34
9	8	1398	0,1208	1292	106
10	9	799	0,0537	574	225
11	10	298	0,0161	172	126
12	11	60	0,0029	31	29
13	12	7	0,0002	3	4

Schon aus der Tabelle kann man entnehmen, dass wir bei den empirischen Daten weniger Familien mit „weniger" Jungen haben und mehr Familien mit

„mehr" Jungen. Das können wir uns auch in einer Grafik noch einmal veranschaulichen.

7. Ziehen Sie einen neuen Graphen in den Arbeitsbereich. Platzieren Sie das Merkmal *Jungenzahl* bei gedrückter Shift-Taste in den waagerechten Bereich. Doppelklicken Sie auf *Anzahl()*, sodass sich das zugehörige Formelfenster öffnet. Geben Sie als Formel für die Säulenhöhe die Differenz aus *Familienzahl* und *FamilienzahlErw* ein.

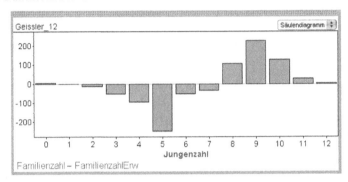

Unser Modell mit einem Anteil $p = 0{,}5$ passt offenbar nicht sehr gut. Aber welcher Anteil würde dann die empirischen Daten besser beschreiben? Das können wir rechnerisch prüfen, indem wir anhand der Daten den Anteil der Jungen an allen Kindern in den 10690 Familien mit zwölf Kindern bestimmen.

8. Ziehen Sie eine neue Auswertungstabelle in den Arbeitsbereich. Wählen Sie **Formel hinzufügen** aus dem Kontextmenü. Es öffnet sich der Formeledior. Geben Sie die unten stehende Formel ein und bestätigen Sie mit **OK**. Wir erhalten den Wert von $p \approx 0{,}5168$.

$$\text{Geissler\_12}$$

$$0{,}51683037$$

$$S1 = \frac{\text{Summe (Jungenzahl} \cdot \text{Familienzahl)}}{12 \cdot 10690}$$

Der Anteil der Jungen an allen Kindern in den 10690 Familien mit zwölf Kindern ist demnach mit $\approx 51{,}68\%$ leicht höher als unser angenommener Wert von 50%. Wir wollen die Graphik entsprechend anpassen. Dazu müssen wir den Parameter $p = 0{,}5$ in der dritten Spalte ändern.

9. Öffnen Sie durch Doppelklicken in die Formelzeile der dritten Spalte den Formeleditor. Markieren Sie den Teilausdruck 0,5 in der Formel und ersetzen diesen durch 0,5168. Das ist hinreichend genau. Bestätigen Sie Ihre Eingabe mit **OK**. Die Graphik passt sich automatisch an.

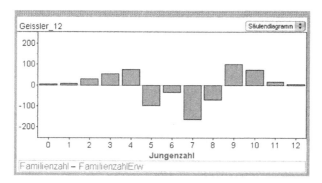

Wir stellen trotzdem noch systematische Abweichungen von der Binomial-
verteilung in Richtung „unausgeglichener" Geschlechterverhältnisse fest. Die
Erklärung hierfür muss offen bleiben, z. T. liegt es am Auftreten eineiiger
Zwillinge.

7.5 Die Normalverteilung

7.5.1 Die Dichtefunktion der Normalverteilung

Bei vielen statistischen Verfahren wird unterstellt, dass die erhobenen Daten
den Werten einer normalverteilten Zufallsgröße entsprechen, also kurz gesagt,
normalverteilt sind. Klassisches Beispiel sind die Verteilungen der Körpergröße bei Männern bzw. bei Frauen. Die Abbildung zeigt ein Histogramm des
Merkmals *Körpergröße* der Schülerinnen aus dem Muffins-Datensatz sowie die
Dichte einer passenden Normalverteilung. Offenbar beschreibt die Normalverteilung die empirischen Daten in erster Näherung gut, man sagt die Daten sind
angenähert *N(1,70;0,06^2)*-verteilt. Die Dichte der Normalverteilung wird in
FATHOM mit *normalDichte(x;my;sigma)* berechnet. Dabei steht der Parameter
my für den Erwartungswert μ. Durch *my* wird auch die Lage des Maximums
der Dichtefunktion angegeben. In unserem Beispiel liegt der Erwartungswert
bei 1,70 m. Der Parameter *sigma* steht für die Standardabweichung σ der Normalverteilung. In unserem Beispiel liegt die Standardabweichung bei 0,06 m.

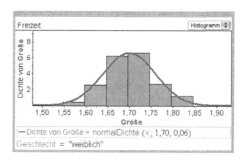

Die Dichtefunktion der Normalverteilung ist folgendermaßen definiert:

$$f(x) = \frac{1}{\sqrt{2\pi} \cdot \sigma} \cdot e^{\frac{(x-\mu)^2}{2\sigma^2}}.$$

Jedem Intervall $[a, b] \subset \mathbb{R}$ wird hiermit eine Wahrscheinlichkeit zugeordnet, die sich aus der Fläche unter der Dichtekurve in diesem Intervall ergibt.

Die Dichte der Normalverteilung hat immer eine glockenförmige Gestalt. Wir wollen nun zeigen, wie man in FATHOM mehrere Wahrscheinlichkeitsfunktionen in einem Funktionendiagramm gleichzeitig darstellen kann. Man kann z. B. damit sehr gut die Auswirkungen auf den Verlauf der Funktionsgraphen bei Änderung von μ bei festem σ bzw. von σ bei festem μ beschreiben.

1. Ziehen Sie einen neuen Graphen in den Arbeitsbereich. Stellen Sie die Anzeige auf Funktionendiagramm ein. Wählen Sie über das Kontextmenü des Graphen **Funktion einzeichnen**. Es öffnet sich der Formeleditor. Geben Sie `normalDichte(x;0;1)` ein. Bestätigen Sie mit **OK**. Verfahren Sie ebenso mit *normalDichte(x;1;1)* und *normalDichte(x;-1;1)*. Passen Sie, wenn für die Ansicht notwendig, die Achsen an.

2. Ziehen Sie einen weiteren neuen Graphen in den Arbeitsbereich. Stellen Sie die Anzeige auf Funktionendiagramm ein. Wählen Sie über das Kontextmenü des Graphen **Funktion einzeichnen**. Es öffnet sich der Formeleditor. Geben Sie zunächst wieder `normalDichte(x;0;1)` ein. Bestätigen Sie mit **OK**. Verfahren Sie ebenso mit *normalDichte(x;0;0,5)* und *normalDichte(x;0;2)*. Passen Sie, wenn für die Ansicht notwendig, die Achsen an.

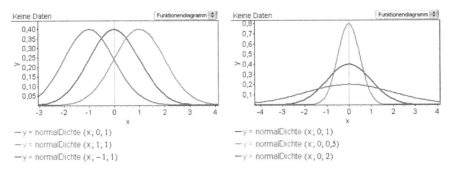

Bei fester Standardabweichung bedeutet eine Änderung des Erwartungswertes eine Verschiebung des Graphen entlang der x-Achse. Bei festem Erwartungswert bedeutet eine Änderung der Standardabweichung eine Änderung in der Gestalt des Graphen: Je geringer die Standardabweichung, um so mehr wird die Glockengestalt des Graphen höher und schmaler.

Diese Eigenschaften kann man in FATHOM auch dynamisch mit Hilfe von Reglern zeigen.

3. Ziehen Sie einen neuen Graphen in den Arbeitsbereich. Stellen Sie die Anzeige auf Funktionendiagramm ein. Wählen Sie aus dem Kontextmenü des Graphen **Funktion einzeichnen** aus. Es öffnet sich der Formeleditor. Geben Sie `normalDichte(x;my;sigma)` ein. Es wird zunächst kein Graph angezeigt, denn die Parameter müssen über die Regler erst noch festgelegt werden.

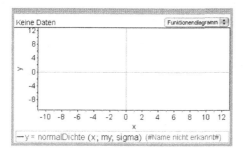

4. Ziehen Sie zwei neue Regler in den Arbeitsbereich. Ändern Sie die Namen der Regler. Dazu doppelklicken Sie auf die vorgegebenen Namen und ändern diese in *my* bzw. *sigma*. Jetzt wird ein Graph angezeigt, jedoch ist keine Glockengestalt erkennbar. Das liegt an der Achsenskalierung der y-Achse.

5. Ändern Sie die Skalierung der y-Achse, indem Sie zum Beispiel mit der linken Maustaste in den oberen Bereich der y-Achse klicken und mit gedrückter Maustaste die Skala nach oben schieben. Zoomen Sie sich so in den Anzeigebereich der y-Achse, bis Sie die Kurve gut sehen können.

6. Spielen Sie nun mit den Reglern, um zu sehen, wie sich der Funktionsgraph ändert. Zum besseren Vergleich kann man sich zusätzlich den Graphen der Standardnormalverteilung $f_{0,1}$ einzeichnen lassen, indem man über das Kontextmenü **Funktion einzeichnen** die entsprechende Formel in den Formeleditor eingibt.

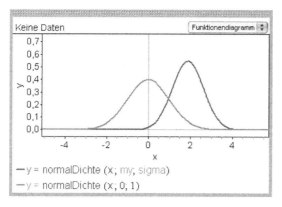
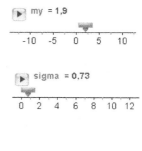

7.5.2 Die kumulative Verteilungsfunktion der Normalverteilung

Die kumulative Verteilungsfunktion $F_{\mu,\sigma}(x)$ ist wie folgt definiert:

$$F_{\mu,\sigma}(x) = \int_{-\infty}^{x} \frac{1}{\sqrt{2\pi} \cdot \sigma} \cdot e^{\frac{(x-\mu)^2}{2\sigma^2}}.$$

Die Dichtefunktion $f_{\mu,\sigma}$ ist die Ableitung der Funktion $F_{\mu,\sigma}$. Wo $f_{\mu,\sigma}$ das Maximum annimmt, hat $F_{\mu,\sigma}$ die größte Steigung. Die Kurven von $F_{\mu,\sigma}$ haben daher eine s-förmige Gestalt. Bei fester Standardabweichung bedeutet eine Änderung des Erwartungswertes eine Verschiebung des Graphen entlang der x-Achse. Bei festem Erwartungswert bedeutet eine Änderung der Standardabweichung eine Änderung in der Gestalt des Graphen: Je geringer die Standardabweichung, desto steiler verläuft der Graph bei $x = 0$ (dies entspricht einer zunehmenden Dichte um $x = 0$). Diese Eigenschaft kann man in FATHOM mit Hilfe von Reglern in einem Funktionendiagramm zeigen oder indem man mehrere dieser Funktionen in ein Funktionendiagramm einzeichnet.

1. Ziehen Sie einen neuen Graphen in den Arbeitsbereich. Stellen Sie die Anzeige auf Funktionendiagramm ein. Wählen Sie über das Kontextmenü des Graphen **Funktion einzeichnen** aus. Es öffnet sich der Formeleditor. Geben Sie `normalKumulativ(x;0;1)` ein. Bestätigen Sie mit **OK**. Verfahren Sie ebenso mit *normalKumulativ(x;1;1)* und *normalKumulativ(x;-1;1)*. Passen Sie, wenn für die Ansicht notwendig, die Achsen an.

2. Ziehen Sie einen weiteren neuen Graphen in den Arbeitsbereich. Stellen Sie die Anzeige auf Funktionendiagramm ein. Wählen Sie über das Kontextmenü des Graphen **Funktion einzeichnen** aus. Es öffnet sich der Formeleditor. Geben Sie zunächst wieder `normalKumulativ(x;0;1)` ein. Bestätigen Sie mit **OK**. Verfahren Sie ebenso mit *normalKumulativ(x;0;0,5)* und *normalKumulativ(x;0;2)*. Passen Sie, wenn für die Ansicht notwendig, die Achsen an.

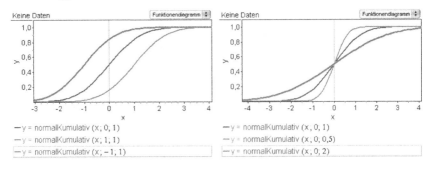

3. Duplizieren Sie das reglerbasierte Funktionendiagramm, indem Sie **Graph duplizieren** im Kontextmenü des Graphen wählen. Doppelklicken Sie auf die Formel in der neuen Graphik. Ändern Sie im Formeleditor die Funktion auf `normalKumulativ(x;my;sigma)`. Bestätigen Sie Ihre Eingabe mit **OK**.

4. Ändern Sie die Skalierung der Achsen indem Sie zum Beispiel mit der linken Maustaste in den oberen Bereich der y-Achse klicken und mit gedrückter Maustaste die Achsenskalierung nach oben schieben. Zoomen Sie sich so in den Anzeigebereich der y-Achse, bis Sie die Kurve gut sehen können. Verfahren Sie ebenso bei der x-Achse.

5. Spielen Sie nun mit den Reglern, um zu sehen, wie sich der Funktionsgraph ändert. Zum besseren Vergleich kann man sich zusätzlich den Graphen der kumulierten Standardnormalverteilung $F_{0,1}$ einzeichnen lassen. Wählen Sie **Funktion einzeichnen** über das Kontextmenü und geben Sie die entsprechende Formel in den Formeleditor ein.

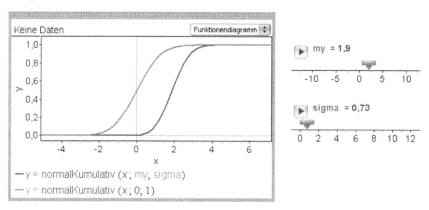

7.6 Reale Daten und Normalverteilung

Kommen wir noch einmal auf die Verteilung der Körpergröße bei den Schülerinnen des Muffins-Datensatzes zurück. Wir wollen noch genauer prüfen, ob diese annähernd normalverteilt sind. Dazu vergleichen wir das Perzentildiagramm (siehe Kapitel 2) mit der kumulativen Normalverteilung.

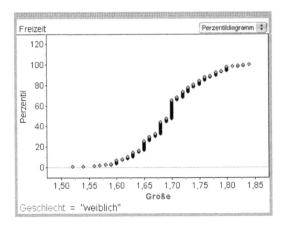

1. Ziehen Sie einen neuen Graphen in den Arbeitsbereich. Platzieren Sie das Merkmal *Größe* aus dem Muffins-Datensatz auf die waagerechte Achse und wählen Sie im Pull-down-Menü den Darstellungstyp **Perzentildiagramm**. Wählen Sie über das Kontextmenü **Filter hinzufügen** aus. Es öffnet sich der Formeleditor. Geben Sie als Filter `Geschlecht =` "weiblich" ein. Bestätigen Sie mit **OK**. Sie erhalten das oben stehende Diagramm.

2. Wählen Sie aus dem Kontextmenü **Funktion einzeichnen** und geben Sie in den Formeleditor die Funktion `normalKumulativ(x;my;sigma)`·100 ein. Der Name wird zunächst nicht erkannt. Ziehen Sie aus der Symbolleiste zwei neue Regler in den Arbeitsbereich und benennen Sie diese mit *my* und *sigma*. Wählen Sie als Startwerte *my=1,8* und *sigma=0,04*. Sie erhalten die folgende Abbildung.

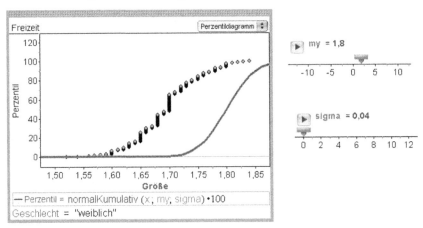

3. Ändern Sie nun die beiden Parameter solange, bis Sie eine gute Übereinstimmung erhalten. Beispielsweise kann das im folgenden Diagramm der Fall sein.

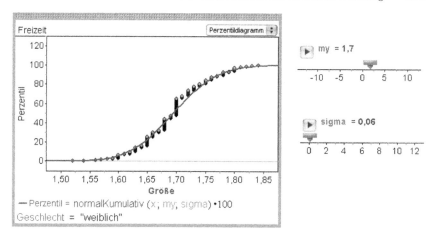

Man hätte auch gleich die Parameter *my* und *sigma* durch das arithmetische Mittel und die Standardabweichung schätzen können:

4. Ändern Sie die Formel der Funktion wie im folgenden Diagramm gezeigt. Die Berechnung wird durch den Filter automatisch auf die Teilmenge der Schülerinnen beschränkt.

5. Ziehen Sie eine neue Auswertungstabelle in den Arbeitsbereich. Platzieren Sie das Merkmal *Größe* aus dem Muffins-Datensatz auf den senkrechten Pfeil. Wählen Sie über das Kontextmenü **Formel hinzufügen**. Es öffnet sich der Formeleditor. Geben Sie aMittel(;Geschlecht="weiblich") ein und bestätigen Sie Ihre Eingabe mit **OK**. Geben Sie dann über den gleichen Weg StdAbw(;Geschlecht="weiblich") ein. Das automatisch erscheinende Fragezeichen hat die Funktion eines Platzhalters für das Merkmal *Größe*. Nach dem Semikolon ist ein Filter definiert.

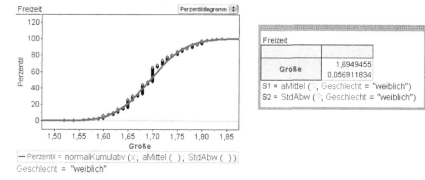

Rein experimentell sind wir ziemlich genau an diese Werte herangekommen. Allerdings kann man die Übereinstimmung der Daten mit einer gekrümmten Linie nicht so gut beurteilen wie bei einer geraden Linie. Deshalb wendet man folgenden Trick an. In der obigen Graphik ist die kumulative Verteilungsfunktion der Normalverteilung mit den Parametern *my* und *sigma* dargestellt. Es gilt:

$$F_{\mu,\sigma}(x) = F_{0,1}\left(\frac{x-\mu}{\sigma}\right) \text{ , denn}$$

$$P(X_{\mu,\sigma} \leq x) = P(\mu + \sigma \cdot X_{0,1} \leq x)$$
$$= P\left(X_{0,1} \leq \frac{x-\mu}{\sigma}\right)$$
$$= F_{0,1}\left(\frac{x-\mu}{\sigma}\right).$$

Die Quantilfunktion $Q_{0,1}$ der Standardnormalverteilung ist die Umkehrfunktion von $F_{0,1}$, d. h.

$$Q_{0,1}(F_{\mu,\sigma}(x)) = Q_{0,1}\left(F_{0,1}\left(\frac{x-\mu}{\sigma}\right)\right)$$
$$= \frac{x-\mu}{\sigma}$$
$$= \frac{1}{\sigma} \cdot x - \frac{\mu}{\sigma}.$$

Wenn man die Daten und die Funktion im Perzentildiagramm mit der Funktion $Q_{0,1}$ transformiert, wird die Funktion zu einer Geraden mit der Gleichung

$$y = \frac{1}{\sigma} \cdot x - \frac{\mu}{\sigma}.$$

Sind die Daten normalverteilt müssen sie im transformierten Diagramm idealerweise auf dieser Geraden liegen. Das Normalquantil-Diagramm entsteht, indem diese Transformation mit den Daten im Perzentildiagramm vorgenommen wird. Zugleich wird in die Daten die Gerade

$$y = \frac{1}{s} \cdot x - \frac{m}{s}$$

eingezeichnet, wobei m das geschätzte arithmetische Mittel und s die geschätzte Standardabweichung ist.

5. Duplizieren Sie den Graphen, indem Sie über das Kontextmenü **Graph duplizieren** wählen. Entfernen Sie die eingezeichnete Funktion aus der duplizierten Graphik, indem Sie den Funktionsterm in der Graphik anklicken und aus dem Kontextmenü **Formelinhalt löschen** wählen. Wählen Sie dann im Pull-down-Menü den Diagrammtyp **Normalquantil-Diagramm** aus. Sie erhalten folgendes Diagramm:

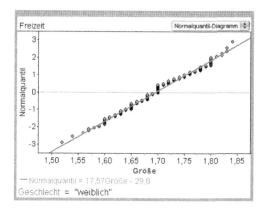

Die Übereinstimmung mit der Normalverteilung ist sehr gut. Wir überprüfen, ob die eingezeichnete Gerade der oben skizzierten Theorie entspricht.

6. Ergänzen Sie die Auswertungstabelle unter Punkt 4 um zwei Formeln, die den Geradenparametern entsprechen. Man erhält die folgende Auswertung:

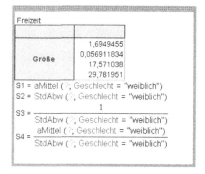

Dies bestätigt unsere Überlegungen. Man beachte, dass hier überall die Formel *Std-Abw()* für die Standardabweichung gewählt wurde, die im Nenner $n - 1$ enthält (vgl. Kapitel 2). Wir wollen jetzt prüfen, ob auch die Verteilung der Körpergröße der Gesamtgruppe einer Normalverteilung genügt.

7. Selektieren Sie das *Normalquantil-Diagramm*. Wählen Sie über das Kontextmenü der Graphik **Filter entfernen**. Sie erhalten ein Diagramm für die gesamte Gruppe.

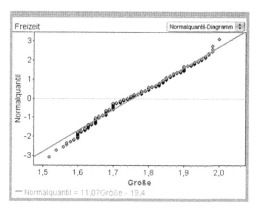

In der vorherigen Abbildung erkennen wir systematische Abweichungen von der geraden Linie. Unter anderem ist die Steigung im unteren Teil eine andere als im oberen. Dies erklärt sich dadurch, dass eine Mischverteilung aus Schülerinnen und Schülern vorliegt, die für sich genommen ziemlich gut normalverteilt sind (vgl. Kapitel 2). Wir haben ein schönes Beispiel für die diagnostische Qualität des Normalquantil-Diagramms kennen gelernt.

8

Testen und Schätzen

Das Schätzen von Parametern einer Population auf der Basis einer Stichprobe und das Testen von Hypothesen über Parameter sind grundlegende Verfahren der beurteilenden Statistik. Schätzen von Parametern schließt das Konstruieren von Konfidenzintervallen für diese Parameter zu verschiedenen Sicherheitsniveaus ein. Statistiksoftware bietet normalerweise eine Reihe von Standardverfahren an, bei denen man dann Daten eingeben und verschiedene Einstellungen vornehmen kann. Anschließend wird das Ergebnis des Test- oder Schätzverfahrens präsentiert. Dies ist auch in FATHOM möglich. In der Symbolleiste befinden sich die Objekte *Test*, *Schätzung* und *Modell*, hinter denen sich solche Verfahren verbergen.

Eine zweite Möglichkeit, Testen und Schätzen in FATHOM zu realisieren, besteht darin, die allgemein zur Verfügung gestellten Werkzeuge für die Konstruktion und Anwendung von Verfahren zu nutzen. Dazu zählen vor allem die Funktionen zum Umgang mit Wahrscheinlichkeitsverteilungen (siehe Kapitel 7) und die Simulationskapazitäten von FATHOM (siehe Kapitel 6).

Die Nutzung von Simulationen ermöglicht es, relativ „theoriearm" das Hypothesentesten zu betreiben. Wesentlich bei allen Verfahren ist die Stichprobenverteilung einer Testgröße. Auf deren Basis wird ein Verwerfungsbereich konstruiert oder berechnet und man kann bestimmen, wie wahrscheinlich das beobachtete Ergebnis (oder ein noch extremeres) unter der Nullhypothese ist. Kann man eine solche Stichprobenverteilung annähernd durch Simulation bestimmen, so kann man sich u.U. komplexe Theorie ersparen. Ferner kann man auch Verfahren verwenden, für die die Stichprobenverteilung theoretisch nicht bekannt ist. Dies wird in der modernen computerintensiven Statistik vielfach

getan (Stichworte: Permutations- und Randomisierungstests, Bootstrapver-
fahren).

In den vorgefertigten Objekten bietet FATHOM eine Auswahl elementarer
Standardverfahren der sogenannten parametrischen Statistik an. Mindestens
genauso interessant sind aber FATHOMs Werkzeugkapazitäten zur Realisierung
vielfältiger auch unkonventioneller Verfahren der modernen Statistik. Dies ist
auch für die einführende Statistikausbildung interessant, die ein Grundver-
ständnis statistischer Verfahren vermitteln will.

Wir werden in diesem Kapitel nur exemplarisch die statistischen Objekte nutzen, deren Verfahren auch ausführlich in der FATHOM-Hilfe vorgestellt werden.
Mindestens so wichtig ist uns die Nutzung der allgemeinen Werkzeugkapazität, da so eine noch bessere Transparenz der benutzen Verfahren hergestellt
werden kann.

8.1 Testen bezüglich eines Anteils bei einer binomialverteilten Zufallsgröße

8.1.1 Einstiegsbeispiel

Wir stellen uns folgende Situation vor:

> Eine Testperson bekommt in einem Tonstudio über Raumboxen 40 Lie-
> der eingespielt, deren Reihenfolge durch einen Zufallsgenerator bestimmt
> wurde. Aufgabe der Testperson ist es, die Klangqualität der Lieder nach
> MP3 (mittlere Komprimierung) oder CD zu beurteilen. Die Hälfte der
> Lieder sind in MP3-Qualitität. Die Testperson tippt 27mal richtig.

Frage: Welche Kompetenz kann man der Testperson zugestehen?

Allein mit dem Anteil richtig identifizierter Lieder, der relativen Häufigkeit
$h_{40} = 0{,}675$, kann die Frage nach der Kompetenz der Testperson nicht beantwortet werden. Dieses Ergebnis hätte ja auch zufällig zustande kommen
können. Mit Hilfe der Statistik kann man aber prüfen, wieweit das Versuchs-
ergebnis mit der Annahme, dass die Testperson nur geraten hat, verträglich
ist, also der Anteil $p = 0{,}5$ ist.

| Nullhypothese H_0: | Die Testperson hat nur geraten. Die Trefferquote ist $p = 0{,}5$. |
| Alternativhypothese H_1: | Die Testperson ist besser als eine raten- de Person und trifft die richtige Ent- scheidung mit $p > 0{,}5$. |

Um dies zu beurteilen, wird die Wahrscheinlichkeit berechnet, unter der Nullhypothese die relative Häufigkeit $h_{40} = 0{,}675$ oder eine noch extremere zu erhalten. Dies ist der sogenannte P-Wert. Die Formulierung der Nullhypothese korrespondiert inhaltlich mit der Annahme „kein Effekt" oder „kein Unterschied". Man sagt dann: Je kleiner dieser P-Wert ist, um so mehr spricht gegen H_0. Einige typische Formulierungen finden Sie in der folgenden Übersicht:

$$P\text{-Wert} > 0{,}10: \quad \text{keine Evidenz gegen } H_0$$
$$0{,}05 < P\text{-Wert} \leq 0{,}10: \quad \text{schwache Evidenz gegen } H_0$$
$$0{,}01 < P\text{-Wert} \leq 0{,}05: \quad \text{mittlere Evidenz gegen } H_0$$
$$P\text{-Wert} \leq 0{,}01: \quad \text{starke Evidenz gegen } H_0$$

Die Berechnung von P-Werten hat zum einen den Vorteil, dass man sich nicht von vornherein auf ein Signifikanzniveau festlegen muss. Zum anderen ermöglicht sie eine Entscheidung anhand vorliegender Daten, indem wir nach den Bedingungen für deren Zustandekommen fragen. Legt man aber Wert auf ein Hypothesentesten mit vorher festgelegtem Signifikanzniveau α (oft $\alpha = 5\%$ oder $\alpha = 1\%$), so ist eine Verwerfung auf dem α-Niveau äquivalent dazu, dass der P-Wert $\leq \alpha$ ist. Man sagt dann, dass Ergebnis ist statistisch signifikant auf dem Signifikanzniveau α. Führt das Testergebnis jedoch zu keiner Ablehnung von H_0, kann man keine Aussage auf dem Signifikanzniveau α treffen.

In unserem Beispiel können wir $P(X \geq 27)$ direkt mit FATHOM-Funktionen berechnen.

$$P(X \geq 27) = 1 - (X \leq 26) = 1 - BinomialKumulativ(26; 40; 0{,}5)$$

1. Ziehen Sie eine neue Auswertungstabelle in den Arbeitsbereich und wählen Sie in deren Kontextmenü **Formel hinzufügen**. Geben Sie im erscheinenden Formeleditor `runde(1-BinomialKumulativ(26;40;0,5);4)` ein. Es erscheint der zugehörige Wahrscheinlichkeitswert auf 4 Nachkommastellen gerundet.

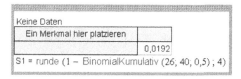

Der ermittelte P-Wert $\approx 0{,}0192$ bei diesem exakten Test ermöglicht eine Entscheidung. Es gibt eine mittlere Evidenz gegen die Nullhypothese. Ein Signifikanztest auf 5%-Niveau würde zur Verwerfung von H_0 führen. Wir nehmen an, die Testperson ist demnach besser als eine ratende Person. Um wie viel besser, lässt sich allerdings nicht sagen. Dazu müsste man Konfidenzintervalle berechnen.

8.1.2 Konstruktion eines Tests zu vorgegebenem Signifikanzniveau

In der einführenden Statistikausbildung wird oft auch der umgekehrte Weg beschritten. Bevor Daten vorliegen, fragt man sich, wie man zu vorgegebenen Signifikanzniveau α einen kleinsten kritischen Wert k finden kann, so dass gerade gilt $P(X \geq k) \leq \alpha$, wobei die Wahrscheinlichkeit unter der Nullhypothese – hier $p = 0,5$ – berechnet wird. Die Nullhypothese wird immer dann verworfen, wenn $X \geq k$ ausfällt. Um diesen Wert zu finden, braucht man keine Normalapproximation der Binomialverteilung, sondern man kann direkt mit der Binomialverteilung rechnen.

Nehmen wir als Beispiel $\alpha = 0,5$. Wir suchen das kleinste k mit

$$P(X \geq k) \leq 0,05,\ \text{also}\ P(X < k) \geq 0,95,\ \text{d.h.}\ P(X \leq k-1) \geq 0,95.$$

Dieses k ist direkt durch die Quantilfunktion gegeben (siehe Kapitel 7):

$$k - 1 = BinomialQuantil(0,95; 40; 0,5) = 25,\ \text{also}\ k = 26.$$

Die Rechnung in FATHOM sieht wie folgt aus:

2. Ziehen Sie eine neue Auswertungstabelle in den Arbeitsbereich und wählen die Option **Formel hinzufügen** aus deren Kontextmenü. Es öffnet sich der Formeleditor. Geben Sie `BinomialQuantil(0,95;40;0,5))` ein. Bestätigen Sie mit **OK**.

Wir überprüfen nun den Wert von k mit der kumulativen Verteilungsfunktion.

3. Ziehen Sie eine weitere neue Auswertungstabelle in den Arbeitsbereich und wählen Sie den Befehl **Formel hinzufügen** aus dem Kontextmenü der Auswertungstabelle. Es öffnet sich der Formeleditor. Geben Sie `BinomialKumulativ(24;40;0,5)` ein. Bestätigen Sie mit **OK**. Verfahren Sie ebenso und geben Sie die Formel `BinomialKumulativ(25;40;0,5)` ein. Es erscheint der zugehörige Wahrscheinlichkeitswert $P(X \leq k)$ für $k = 24$ und für $k = 25$.

Keine Daten	
Ein Merkmal hier platzieren	
	25
S1 = BinomialQuantil (0,95; 40; 0,5)	

Keine Daten	
Ein Merkmal hier platzieren	
	0,92307003
	0,95965477
S1 = BinomialKumulativ (24; 40; 0,5)	
S2 = BinomialKumulativ (25; 40; 0,5)	

Man kann die Benutzung der Quantilfunktion vermeiden, indem man mit einem Regler k *BinomialKumulativ(k-1;40;0,5)* solange berechnen lässt, bis man gerade einen Wert $\geq 0,95$ bekommt.

4. Ziehen Sie eine weitere neue Auswertungstabelle in den Arbeitsbereich und wählen Sie den Befehl **Formel hinzufügen** aus dem Kontextmenü der Auswertungstabelle. Es öffnet sich der Formeleditor. Geben Sie

`BinomialKumulativ(k;40;0,5)` ein. Bestätigen Sie mit **OK**. Ziehen Sie nun einen Regler in den Arbeitsbereich. Verändern Sie die Bezeichnung *V1* in *k*. Jetzt erscheint der Wert für $P(X \leq k)$, wobei $k = 5$. Verändern Sie den Anzeigebereich des Reglers, indem Sie mit der Maus die Skala nach links ziehen. Erhöhen Sie den Wert von *k* über den Schieberegler. Sie können den Wert auch direkt eintragen, indem Sie auf die Zahl hinter *k=* doppelklicken und über die Tastatur eine neue Zahl eingeben und Ihre Eingabe mit der Return-Taste abschließen. Variieren Sie *k* solange, bis Sie eine Wahrscheinlichkeit über 0,95 erhalten.

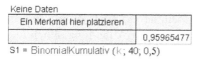 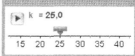

8.1.3 Testen bezüglich eines Anteils durch Simulation

Wir können das im voranstehenden Abschnitt bereits rechnerisch gelöste Problem auch durch Simulation bearbeiten. Simulation hat den didaktischen Vorteil, dass die Stichprobenverteilung der Zufallsgröße X: „An*zahl* der richtigen Lösungen" bzw. Y: „An*teil* der richtigen Lösungen" anschaulich entsteht. Man dokumentiert, welche Ergebnisse unter der Nullhypothese grundsätzlich möglich wären und mit welchen Wahrscheinlichkeiten diese auftreten. Wir schätzen dann diese Wahrscheinlichkeiten $P(X \geq 27)$ bzw. $P(Y \geq 0,675)$ aus den entsprechenden relativen Häufigkeiten.

Da wir als Modell eine binomialverteilte Zufallsgröße X mit den Parametern $n = 40$ und $p = 0,5$ annehmen, macht es Sinn, den Test direkt über die in FATHOM eingebaute Funktion *ZufallBinomial()* zu simulieren. Die Funktion erzeugt zufällig Werte k der Zufallsgröße X. Jedes k tritt dabei mit der Wahrscheinlichkeit

$$\binom{40}{k} p^k (1-p)^k$$

auf. Da wir den Anteil richtiger Antworten an allen Antworten benötigen, teilen wir den zufälligen Wert k der Zufallsgröße X durch den Umfang $n = 40$. Wir simulieren die Binomialverteilung nun 5000mal.

Kollektion 1		
	Anteil_richtiger_Antworten	\<neu\>
=	ZufallBinomial (40; 0,5)	
	40	
1	0,475	
2	0,45	
3	0,625	
4	0,625	
5	0,6	
6	0,475	

Info Kollektion 1			
Fälle	Messgrößen	Kommentare Anzeige Kategorien	
Merkmale		**Wert**	**Formel**
Anteil_richtiger_Antworten		0,475	ZufallBinomial (40, 0,5)
			40
Kategorienliste			
1/5000			Details verbergen

1. Ziehen Sie eine neue Datentabelle in den Arbeitsbereich. Benennen Sie die erste Spalte mit *Anteil_richtiger_Antworten* für den Hörtest mit 40 Liedern. Wählen Sie aus dem Kontextmenü **Formeln zeigen**, um die Formelzeile einzublenden. Öffnen Sie durch Doppelklicken den Formeleditor und geben Sie `ZufallBinomial(40;0,5)/40` ein. Fügen Sie über die Option **Neue Fälle...** im Kontextmenü 5000 neue Fälle hinzu.

2. Ziehen Sie einen neuen Graphen in den Arbeitsbereich. Platzieren Sie das Merkmal *Anteil_richtiger_Antworten* auf die horizontale Achse. Sie erhalten eine Darstellung als Punktdiagramm.

3. Sie können nun die Art der Darstellung auf Histogramm ändern, indem Sie das Pull-down-Menü rechts oben in der Abbildung öffnen und **Histogramm** auswählen. Wählen Sie die Option **Skala>relative Häufigkeit** aus dem Kontextmenü. Verändern Sie, wenn notwendig, über das Info-Fenster des Histogramms die Klassenbreite auf den Wert 0,025.

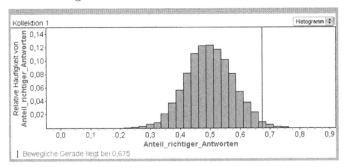

4. Fügen Sie eine bewegliche Gerade hinzu. Dazu wählen Sie über das Kontextmenü des Graphen **Bewegliche Gerade hinzufügen** und verschieben Sie die Gerade auf den Wert 0,675. Das ist der beobachtete Anteil h_{40}.

Betätigen wir Strg+Y, werden alle Werte neu erzeugt. Wir sehen, wie die Verteilung dieser Zufallsstichprobe variiert. Es fällt auf, dass der P-Wert sehr klein zu sein scheint. Wir wollen das noch ein wenig genauer untersuchen.

5. Ziehen Sie eine neue Auswertungstabelle in den Arbeitsbereich. Platzieren Sie das Merkmal *Anteil_richtiger_Antworten* auf einen der Pfeile, die in der Auswertungstabelle erscheinen. Ändern Sie die automatisch angezeigte Formel *Anzahl()* in *Anteil(Anteil_richtiger_Antworten ≥ 0,675)*.

Zufällig ergibt sich hier auf drei Stellen genau derselbe Wert wie bei der theoretischen Rechnung. Der ermittelte P-Wert $\approx 0{,}02$ ermöglicht eine Entscheidung. Es gibt eine mittlere Evidenz gegen die Nullhypothese. Ein Signifikanztest auf 5%-Niveau würde zur Verwerfung von H_0 führen. Wir nehmen an, die Testperson ist demnach besser als eine ratende Person.

8.1.4 Testen bezüglich eines Anteils mittels Testobjekt

FATHOM bietet die Möglichkeit, eine Reihe von Tests mittels eingebautem Testobjekt durchzuführen.

1. Ziehen Sie einen neuen Test aus der Symbolleiste in den Arbeitsbereich und öffnen Sie das Pull-down-Menü im Testfenster rechts oben. Wählen Sie **Anteil testen.** Es erscheint der folgende Fensterinhalt:

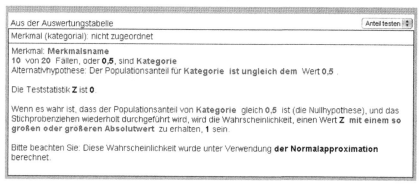

Die blauen Anteile im angezeigten Text sind frei editierbar. In 27 von 40 Fällen hat die Testperson die Klangqualität richtig zugeordnet. Da wir keine Rohdaten verfügbar haben, geben wir unsere hypothetisch zusammengefassten Versuchsergebnisse direkt ein.

2. Ändern Sie im Text *Merkmalsname* in *Klangqualität*. Ändern Sie im Text in der zweiten Zeile die Zahl 10 in 27, Zahl 20 in 40 und *Kategorie* in *richtig erkannt*. Klicken Sie bei der Alternativhypothese auf den Text **ist ungleich dem** und wählen Sie stattdessen **ist größer als der** aus.

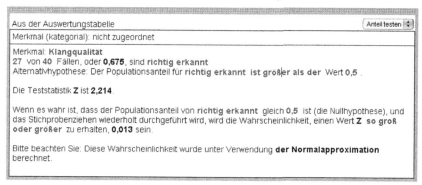

Für $n\,p \geq 10$ und $n\,(1-p) \geq 10$ wird in FATHOM eine Normalapproximation der Binomialverteilung zugrunde gelegt. Mathematischer Hintergrund ist der zentrale Grenzwertsatz für den Anteil Y in der Zufallsstichprobe. Der verhält sich nämlich annähernd normalverteilt mit Erwartungswert p und Standardabweichung

$$\sqrt{\frac{p\,(1-p)}{n}}$$

bei zunehmendem Umfang n. Die Z-Statistik wird dann bestimmt durch

$$Z = \frac{Y-p}{\sqrt{\frac{(1-p)}{n}}} = \frac{Y-p}{\sqrt{p\,(1-p)}} \cdot \sqrt{n}.$$

Als Zufallsgröße ist Z also approximativ normalverteilt mit Mittelwert 0 und Standardabweichung 1.

In unserem Beispiel ergibt sich als Wert für Z:

$$Z = \frac{0{,}675 - 0{,}5}{\sqrt{0{,}5\,(1-0{,}5)}} \cdot \sqrt{40} \approx 2{,}214.$$

FATHOM berechnet dann automatisch den P-Wert $P(Z \geq 2{,}214) \approx 0{,}013$ (auf der Basis der Standardnormalverteilung).

Der ermittelte P-Wert für die Z-Statistik ermöglicht eine Entscheidung. Es gibt eine mittlere Evidenz gegen die Nullhypothese. Auf einem Signifikanzniveau $\alpha = 5\%$ können wir H_0 verwerfen. Die Abweichung gegenüber dem eben durch eine Simulation oder durch einen exakten Test bestimmten P-Wert lässt sich durch die Verwendung der Normalapproximation für die Berechnung erklären. Bei größerem Testumfang verlieren sich diese Unterschiede.

Die Statistik

$$Z = \frac{Y-p}{\sqrt{p\,(1-p)}} \cdot \sqrt{n}$$

und die auf ihr basierenden kritischen Werte können anschaulich interpretiert werden. Es ist

$$P(|Z| \geq 1{,}96) = 0{,}05 \text{ für den zweiseitigen Signifikanztest und}$$
$$P(Z \geq 1{,}64) = 0{,}05 \text{ für den einseitigen Signifikanztest}.$$

Hiermit werden die bekannten kritischen Werte für einseitige bzw. zweiseitige Signifikanztests auf dem 5%-Niveau geliefert.

Man kann sich die Teststatistik auch in Kurzform anzeigen lassen.

3. Klicken Sie im Kontextmenü des Testobjekts auf die mit Häkchen verse-
hene Option **Ausführlich**, die dadurch deaktiviert wird. Sie sehen eine
Zusammenfassung.

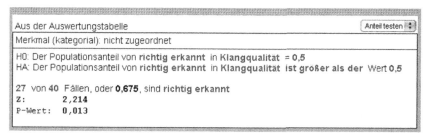

Man kann sich die Stichprobenverteilung der Teststatistik aber auch graphisch
anzeigen lassen. Die farbig markierte Fläche unter der Kurve entspricht dem
P-Wert.

4. Klicken Sie im Kontextmenü des Testobjekts auf **Zeige p_Dach-Vertei-**
lung.

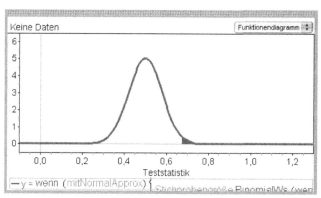

8.1.5 Testen bezüglich eines Anteils mittels Testobjekt bei Rohdaten

Wir können in FATHOM auch Rohdaten bei kategorialen Merkmalen auf einen
Anteil testen. Uns interessiert in diesem Fall, mit welcher Wahrscheinlichkeit
der Anteilswert des erhobenen Merkmals von einem vorgegebenen Wert abweicht. Die Teststatistik hilft dabei zu erkennen, ob diese Abweichung allein
durch Zufall erklärbar ist. Als Beispiel nutzen wir den vorliegenden Datensatz
Muffins. Allerdings handelt es sich dabei nicht um eine repräsentative Erhe-
bung. Für die Demonstration genügen diese Daten.

1. Öffnen Sie den Muffins-Datensatz *muffins.ftm*. Suchen Sie in der Datentabelle das Merkmal *FZ_Kirche*. Ziehen Sie einen neuen Graphen in den
Arbeitsbereich und platzieren Sie das Merkmal auf die horizontale Achse.

Wir wollen uns Anteile an den Merkmalskategorien anzeigen lassen und müssen deshalb die Formel im unteren Bereich des Säulendiagramms anpassen.

2. Öffnen Sie den Formeleditor durch Doppelklick auf *Anzahl()*. Geben Sie stattdessen die Formel `Anzahl()/Gesamtanzahl` ein. Bestätigen Sie ihre Eingabe mit **OK**.

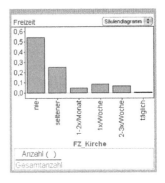

Wir wollen folgende Aussage prüfen: 50% der Jugendlichen gehen *nie* in die Kirche. Wir beobachten in den Muffins-Daten einen Anteil von 54,21%. Angenommen die Muffins-Daten stellen eine Zufallsstichprobe aus einer Population dar, in der 50% der Jugendlichen nie in die Kirche gehen. Wie wahrscheinlich ist es dann, in einer Zufallsstichprobe von 535 einen Anteil zu bekommen, der so stark von 0,5 abweicht wie 0,5421 oder noch mehr?

3. Ziehen Sie einen neuen Test aus der Symbolleiste in den Arbeitsbereich und öffnen Sie das Pull-down-Menü im Testfenster rechts oben. Wählen Sie **Anteil testen**.

4. Ziehen Sie das Merkmal *FZ_Kirche* in den Bereich **Merkmal(kategorial)**.

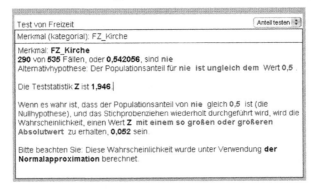

Man kann sich nun wieder über das Kontextmenü, wie schon oben beschrieben, Kurzform und Graph der Statistik anzeigen lassen.

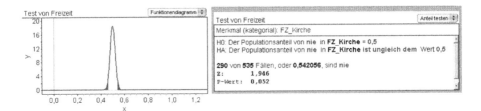

Der ermittelte P-Wert $\approx 0{,}052$ für die Z-Statistik würde gerade keine Entscheidung gegen die Nullhypothese auf dem Signifikanzniveau $\alpha = 5\%$ ermöglichen, wenn wir uns vor Testdurchführung darauf festgelegt hätten. Bei dem Vorgehen über P-Werte ist eine flexiblere Beurteilung möglich. Wir sehen, dass die Wahrscheinlichkeit für solch ein Ergebnis (oder ein noch extremeres) unter der Bedingung von $H_0 : p = 0{,}5$ sehr klein ist. Es gibt eine schwache Evidenz gegen die Nullhypothese. Hätte man nur geprüft, ob die Daten die kritische Schwelle von 1,96 überschreiten oder nicht, wäre einem das nicht aufgefallen.

8.2 Testgüte und Operationscharakteristik von Tests

8.2.1 Visualisierungen der Operationscharakteristik und Anwendungen für die Versuchsplanung

In der Statistik betrachtet man neben dem Fehler 1.Art, dem Signifikanzniveau α, auch den sogenannten Fehler 2.Art, die Nullhypothese nicht zu verwerfen, obwohl sie falsch ist. Die Größe dieses Fehlers β hängt von der genauen Alternativhypothese ab und wird in der Funktion der Operationscharakteristik zusammengefasst. Diese Funktion wird bei den Testobjekten von FATHOM nicht automatisch angezeigt, aber man kann die allgemeinen Werkzeuge von FATHOM nutzen, um sie zu berechnen und zu untersuchen.

Wir betrachten folgendes Beispiel:

Ein Medikament mit Sofortwirkung bei Migräneattacken soll in einer veränderten chemischen Zusammensetzung auf seine Wirksamkeit hin geprüft werden. Bisher wurden bei diesem Medikament Heilungserfolge mit einem Anteil von etwa 40% beobachtet.

Dazu wird das veränderte Medikament an 50 Personen getestet. Wenn das veränderte Medikament keine größere Wirkung hat, kann man mit einer Erfolgswahrscheinlichkeit von $p = 0{,}4$ rechnen. Wir formulieren die folgenden Hypothesen:

Nullhypothese H_0: Das Medikament wirkt nicht besser $p_0 = 0{,}4$.
Alternativhypothese H_1: Das Medikament wirkt besser $p > 0{,}4$.

Als erstes konstruieren wir einen Test zum Signifikanzniveau $\alpha = 0{,}05$. Wir suchen das kleinste k, so dass $P(X \geq k) \leq 0{,}05$ gilt. Das ist äquivalent zu $P(X \leq k - 1) \geq 0{,}95$. Dieses ermitteln wir mir dem Binomialquantil.

1. Erzeugen Sie eine leere Auswertungstabelle und geben Sie die Formel für *S1* ein, indem Sie aus dem Formelfenster des Formeleditors **Funktionen>Verteilungen>Binomial>BinomialQuantil** wählen. Fügen Sie

anschließend die zweite Formel *S2* ein. Dabei wurde der zuerst berechnete Wert 26 in die zweite Formel integriert.

Wir erhalten also $k = 27$ und haben dies noch mal mit der kumulativen Verteilungfunktion der Binomialverteilung überprüft.

Wir interessieren uns nun für die Wahrscheinlichkeit, dass ein Ergebnis in den kritischen Bereich $K = \{27, \ldots, 50\}$ fällt, wenn die wahre Wahrscheinlichkeit p ist. Dies errechnet sich durch die Funktion

$$B(p) := 1 - BinomialKumulativ(26; 50; p).$$

Diese Funktion können wir in einem Funktionendiagramm plotten.

2. Erzeugen Sie eine leere Graphik, schalten Sie auf **Funktionendiagramm** um, und wählen Sie aus dem Kontextmenü **Funktion einzeichnen**. Geben Sie die nebenstehende Formel ein und wählen Sie als Fensterausschnitt (über das Info-Fenster) den Bereich $0 \leq x \leq 1$ und $-0,1 \leq y \leq 1,1$. Sie erhalten das nebenstehende Diagramm.

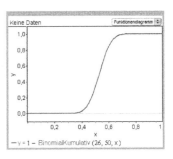

Wir können angenähert $B(0,4) = 0,031$ berechnen und dies in der Graphik sehen. Das ist der α-Fehler unseres Testverfahrens. Ansonsten zeigt der Funktionswert im Diagramm an, wie wahrscheinlich es ist, in Abhängigkeit von p, die Nullhypothese tatsächlich zu verwerfen.

Wir ermitteln, ab welchem p diese Wahrscheinlichkeit mehr als 95% beträgt. Wir lösen die Gleichung $B(p) = 0,95$, indem wir für p einen Regler einsetzen und den solange variieren, bis p die Gleichung (annähernd) löst.

3. Erzeugen Sie einen neuen Regler, bezeichnen Sie ihn mit p und wählen Sie seinen Wertebereich von 0 bis 1, indem Sie dies im Info-Fenster des Reglers einstellen (Kontextmenü oder Doppelklick auf die Achse).

4. Erzeugen Sie ein neues Auswertungsfenster und geben Sie die Formel für $B(p)$ ein.

5. Variieren Sie nun den Regler bis Sie $B(p) = 0,95$ erreichen. Es empfiehlt sich an einer bestimmten Stelle in den Wertebereich des Reglers hineinzuzoomen, um Feinabstimmungen vornehmen zu können. Dies können Sie durch Drücken der Strg-Taste in die Skala des Reglers erreichen. Korrigieren Sie eventuell manuell den Wert des Reglers nach. Sie erhalten ggf. folgende Lösung.

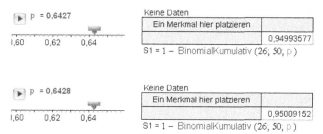

Wir können festhalten, dass erst ab einer Alternativhypothese mit einem Wert von $p \approx 0,6428$, die Wahrscheinlichkeit die Nullhypothese ($p_0 = 0,4$) abzulehnen, größer als 95% wird.

In medizinischen Tests gibt es gelegentlich Vorgaben, dass wir nämlich bereits eine Wirksamkeitssteigerung auf $p = 0,5$ mit einer Wahrscheinlichkeit von 95% entdecken wollen. Dies können wir nur erreichen, wenn wir den Stichprobenumfang von $n = 50$ hoch setzen (oder das Signifikanzniveau von 0,05 erhöhen, was wir aber nicht möchten).

Wenn wir n erhöhen, verschiebt sich auch der kritische Wert k für einen Test zum Signifikanzniveau von $\alpha = 0,05$, den wir aber immer über die Quantilfunktion berechnen können.
Wir definieren:

$$B_n(p) = 1 - BinomialKumulativ(BinomialQuantil(0,95; n; 0,4); n; p).$$

Wir suchen jetzt das kleinste n, so dass $B_n(0,5) = 0,95$ ist. Dazu richten wir uns eine graphische und numerische Arbeitsumgebung ein.

6. Erzeugen Sie einen neuen Regler, den Sie mit n benennen und auf den Wert 50 setzen. Stellen Sie den Bereich des Reglers von 0 bis 100 ein. Ferner stellen Sie im Info-Fenster ein, dass der Wert von n nur Vielfache von 1 annehmen darf.

7. Nehmen Sie das Funktionendiagramm unter Punkt 2, duplizieren Sie es und geben Sie die Funktion $B_n(p)$ wie unten ein.

8. Wählen Sie aus dem Kontextmenü **Wert einzeichnen** und zeichnen Sie damit eine vertikale Linie bei 0,5 ein. Wählen Sie aus dem Kontextmenü **Funktion einzeichnen**. Geben Sie als Funktionsterm 0,95 ein, so dass

eine Parallele zur horizontalen Achse entsteht, die auf der Höhe von 0,95 verläuft.

9. Erzeugen Sie ein Auswertungsfenster und lassen Sie dort $B_n(0,5)$ berechnen (s. u.). Sie müssten jetzt die folgende Konfiguration in ihrem Arbeitsfenster sehen.

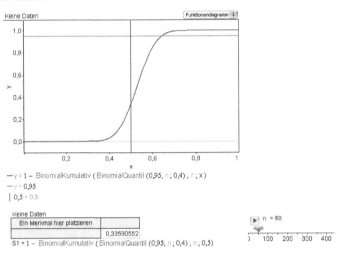

Mittels der Erhöhung von n muss in der Auswertungstabelle der Zielwert 0,95 erreicht werden. Das Erreichen des Ziels kann man auch in der Graphik kontrollieren, indem man die sich verändernde Kurve so verschiebt, dass sie durch den Schnittpunkt der beiden Linien geht.

10. Erhöhen Sie nun n. Bei $n = 100$ zeigt sich folgendes Bild.

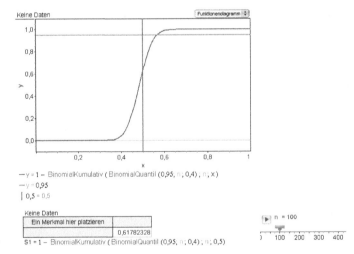

Das Ziel ist noch nicht erreicht. Beachten Sie, dass der Funktionswert bei $x = 0,4$ immer ein Wert kleiner gleich 0,05 ist, denn es wird ja automatisch der passende kritische Bereich gewählt mit $B_n(0,4) \leq 0,05$.

11. Versuchen sie nun n möglichst genau zu bestimmen, ggf. indem Sie in den Reglerbereich hineinzoomen oder den Reglerwert manuell nachkorrigieren.

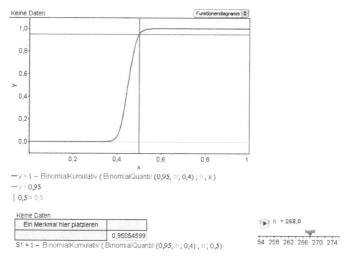

Bei $n = 268$ wird zum ersten Mal die 0,95 leicht überschritten. Man muss also den Stichprobenumfang auf 268 erhöhen, um das gesetzte Ziel zu erreichen. (Bei 269 sinkt der Wert der Wahrscheinlichkeit zunächst wieder leicht unter 0,95, was mit der diskreten Struktur der Situation zu tun hat.)

Mit diesem Beispiel haben Sie exemplarisch eine komplexe Arbeitsumgebung zur mathematischen Exploration kennen gelernt.

8.2.2 Die Gegenläufigkeit der Fehlertypen beim Alternativtest

Angenommen wir wissen, dass eine Ware in zwei Qualitätsstufen angeboten wird, eine mit einem Anteil Stücke minderer Qualität von p_1, eine andere mit einem Anteil p_2. Anhand von Stichproben soll man eine Entscheidung treffen, welcher Typ vorliegt.

Wir nehmen zunächst an, dass wir 50 Stücke prüfen können und dass $p_1 = 0,1$ und $p_2 = 0,3$ ist.

Beim Alternativtest entscheidet man sich zwischen zwei Hypothesen. Liegt die erste Qualitätsstufe vor, so erwarten wir im Durchschnitt fünf Stücke minderer Qualität, liegt die zweite Qualitätsstufe vor, so erwarten wir im Durchschnitt 15 Stücke minderer Qualität unter den 50 Prüfstücken.

Wir wollen uns nach der intuitiv plausiblen Regel entscheiden:

$X \geq k$: Wir halten die Ware für Qualität 2.
$X < k$: Wir halten die Ware für Qualität 1.

Wir suchen ein passendes k, so dass die Wahrscheinlichkeit für Fehlentscheidungen minimal wird. Als Hypothesen können wir formulieren:

H_1: Der unbekannte Anteil ist $p = p_1$.
H_2: Der unbekannte Anteil ist $p = p_2$.

Es gibt folgende Fehlentscheidungen:

1. Entscheidung für H_2, obwohl H_1 richtig.
2. Entscheidung für H_1, obwohl H_2 richtig.

Die Wahrscheinlichkeit für die erste Fehlentscheidung ist

$$\alpha = P(X \geq k \mid H_1) = 1 - BinomialKumulativ(k - 1; 50; p_1).$$

Die für die zweite

$$\beta = P(X \leq k - 1 \mid H_2) = BinomialKumulativ(k - 1; 50; p_2).$$

Wir wollen die Abhängigkeit dieser Fehlerwahrscheinlichkeiten von k untersuchen und zwar sowohl numerisch als auch graphisch. Dabei führen wir gleich Regler für p_1, p_2, k und n ein, um eine Umgebung zu erstellen, mit der man die Parameter variieren und verschiedene Beispiele untersuchen kann.

1. Erzeugen Sie vier neue Regler und benennen Sie die mit p_1, p_2, k und n. Setzen Sie Wertebereiche der ersten beiden von 0 bis 1, den von n von 1 bis 110, den von k von 0 bis 20. Außerdem stellen Sie k und n so ein, dass diese Regler nur Vielfache von 1 annehmen können (Info-Fenster der Regler). Setzen Sie p_1, p_2 und n auf die oben gewählten Beispielwerte und auf $k = 8$.

2. Erzeugen Sie eine neue Graphik und stellen Sie auf **Funktionendiagramm** um. Geben Sie als Funktion die unten stehende Formel ein und stellen Sie über das Infofenster den Fensterausschnitt ein, den Sie unten sehen. Wählen Sie nun aus dem Kontextmenü **Wert einzeichnen**: Zeichnen Sie k ein.

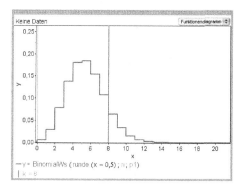

Die Wahrscheinlichkeit $P(X \geq k)$ zeigt sich als Fläche unter der Kurve rechts der Linie bei k, die Wahrscheinlichkeit $P(X < k)$ als Fläche links der Linie bei k. (Man überlege sich, dass man als Argument *runde(x-1/2)* in der Formel nehmen muss, um diesen Effekt zu erreichen.)

3. Wiederholen Sie den unter 2. beschriebenen Vorgang, nur wählen Sie als Parameter der Binomialverteilung p_2. Wählen Sie für diese Graphik anschließend **Achsenverknüpfungen zeigen** die dann als liegende Achten erscheinen. Ziehen Sie dann diese Achsenverknüpfungssymbole auf die entsprechenden Achsen der ersten Graphik, um diese zu koppeln. Sie erhalten dann folgende Konfiguration (bereits für $k = 10$ dargestellt).

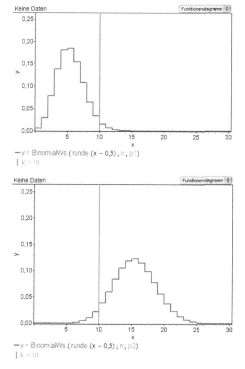

Der Fehler α zeigt sich als Fläche unter der Kurve rechts von k in der oberen Graphik, der Fehler β als Fläche links von k in der unteren Graphik.

4. Bewegen Sie nun den Regler k (der Sprünge der Größe 1 macht) und Sie sehen die Gegenläufigkeit der Fehler: Verkleinert sich α, vergrößert sich β und umgekehrt. Bei $k = 10$ scheinen beide Fehler vernünftig klein ($\leq 0{,}05$) zu sein.

5. Mit der bisherigen Umgebung können Sie dieses Beispiel auch für andere p_1, p_2 und n realisieren, indem Sie die Regler entsprechend ändern.

Wir wollen nun die Gegenläufigkeit auch numerisch erkunden.

6. Definieren Sie in derselben Datei eine neue Datentabelle, welche automatisch eine neue Kollektion erzeugt, mit den untenstehenden Formeln und Merkmalen. Die angegebenen Werte wurden für $k = 10$ berechnet.

Bei Variation von k können Sie nun in der Tabelle die Fehlervariation beobachten und k so wählen, dass die Werte von α und β Sie zufrieden stellen.

Wir könnten uns beispielsweise entscheiden, die Summe von α und β in Abhängigkeit von k minimieren zu wollen.

7. Erzeugen Sie eine leere Auswertungstabelle und ziehen Sie das Merkmal *Fehler* auf den Runterpfeil der Tabelle. Ersetzen Sie die automatisch erscheinende Formel *aMittel()* durch *Summe()*.

8. Durch systematische Variation von k versuchen Sie nun die Summe der Fehler zu minimieren. Sie werden sehen, dass das Minimum tatsächlich bei dem zufällig von uns gewählten Startwert von 10 liegt.

Die Beobachtung der Zahlen bei variierendem k ist nicht so einfach. Die Summe wäre viel leichter zu minimieren, wenn man den Wert der Summe visualisieren könnte. Die einfachste Möglichkeit besteht darin, einen neuen Regler zu definieren, dessen Wert Sie durch die Fehlersumme definieren.

9. Wählen Sie einen neuen Regler, den Sie mit *Fehlersumme* bezeichnen. Ziehen Sie nun den Namen der unter 6. erzeugten neuen *Kollektion 1* in

das Reglerfeld; damit wird der Regler mit der Kollektion verknüpft, und Sie können in den Formeln für den Regler auf die Merkmale der Kollektion zurückgreifen.

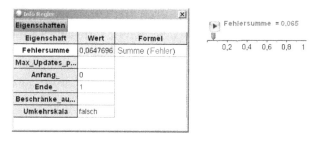

10. Öffnen Sie nun das Info-Fenster des Reglers und geben Sie beim Regler im Formelfeld die entsprechende Formel ein. Schließen Sie das Feld und positionieren Sie den Regler k nahe bei dem Regler *Fehlersumme*.

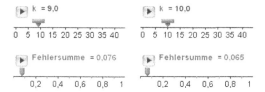

Durch Variation von k können Sie visuell den Regler *Fehlersumme* zu einem Minimum steuern, ggf. mit Feinarbeit durch Hineinzoomen in die Reglerskala.

11. Wählen Sie andere Parameter p_1, p_2 und n und finden Sie dasjenige k, das die Fehlersumme minimiert.

12. Probieren Sie auch andere Kriterien aus, z. B. das Maximum der beiden Fehler zu minimieren.

Dieses Beispiel sollte Ihnen auch zeigen, welchen Nutzen formelabhängige Regler haben können, die Sie allerdings nicht mehr manuell bewegen können.

8.3 Schätzen und Konfidenzintervalle

In diesem Abschnitt lernen wir zunächst exemplarisch, wie man FATHOM nutzen kann, um Populationsparameter aus Stichproben zu schätzen und dazu Konfidenzintervalle zu bestimmen. Dazu kann man in FATHOM das statistische Objekt *Schätzung* nutzen oder über bekannte Formeln eine direkte Auswertung vornehmen. Im zweiten Teil entwerfen wir eine Simulationsumgebung, mit deren Hilfe man den zufälligen Charakter von Konfidenzintervallen demonstrieren kann. Im dritten Teil erfahren Sie in einer Arbeitsumgebung, wie in FATHOM Konfidenzintervalle ohne Normalapproximation und ohne bekannte Formeln berechnet werden.

8.3.1 Berechnung von Konfidenzintervallen

Es gibt häufig Situationen, bei denen man den wahren Wert eines Parameters p in einer Population nicht kennt. Man versucht diesen Wert dann über die relative Häufigkeit h in einer Zufallsstichprobe zu schätzen. Damit man eine Aussage hinsichtlich der Güte dieser Schätzung formulieren kann, bestimmt man ein Intervall, dass alle Anteile p überdeckt, die mit dem Stichprobenergebnis statistisch verträglich sind. Wir nutzen im Folgenden die Näherungen für ein 95%-Vertrauensintervall I, die für hinreichend große Stichproben mit $n \cdot p \geq 10$ und $n \cdot (1 - p) \geq 10$ gelten:

$$I = \left[h - 1{,}96 \frac{\sqrt{h(1 - h)}}{\sqrt{n}}, \; h + 1{,}96 \frac{\sqrt{h(1 - h)}}{\sqrt{n}} \right] .$$

Ein Beispiel aus dem Muffins-Datensatz: Wir beobachten in den Muffins-Daten einen Anteil von 54,21% der Jugendlichen, die nie in die Kirche gehen. Wie könnte man den wahren Anteil unter allen Jugendlichen dieser Altersgruppe schätzen, vorausgesetzt die Muffins-Daten wären eine repräsentative Zufallsstichprobe aus dieser Population?

Eine Möglichkeit, sich in FATHOM mit dieser Frage auseinanderzusetzen, besteht in der Nutzung des vordefinierten Schätzobjektes.

1. Ziehen Sie ein neues Schätzobjekt in den Arbeitsbereich. Wählen Sie aus dem Pull-down-Menü **Anteil schätzen**. Ziehen Sie das Merkmal *FZ_Kirche* auf die Zeile **Merkmal(kategorial)** im Schätzobjekt. Sie erhalten die folgende Auswertung:

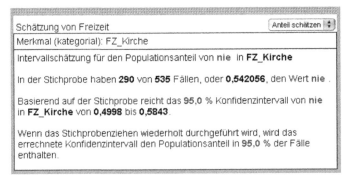

Wir rechnen das Ergebnis mit der eingangs dargestellten Formel nach:

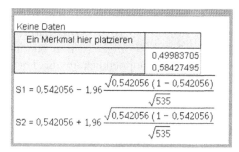

2. Ziehen Sie ein neue Auswertungstabelle in den Arbeitsbereich Wählen Sie aus dem Kontextmenü **Formel hinzufügen**. Tragen Sie die entsprechenden Formeln nacheinander in den Formeleditor ein und bestätigen Sie Ihre Eingabe jeweils mit **OK**. Vergleichen Sie Ihr Ergebnis mit der obigen Abbildung.

Man kann FATHOMs Schätzobjekt auch mit Rohdaten nutzen.

3. Ziehen Sie eine neue Auswertungstabelle in den Arbeitsbereich und wählen Sie aus dem Pull-down-Menü **Anteil schätzen**. Überschreiben Sie *Kategorie* mit *Erfolg*, *Merkmalsname* mit *Ereignis*, *10 von 20* mit *4 von 50* und *95%* mit *80%*.

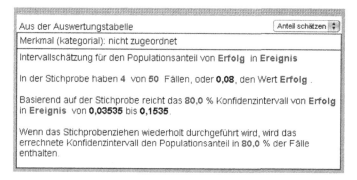

FATHOM berechnet das Konfidenzintervall $[0,03535; 0,1535]$. In diesem Fall ist die Normalapproximation nicht anwendbar und wird von FATHOM auch nicht verwendet, da $np < 10$. FATHOM berechnet dann „exakte" Intervalle auf der Basis der Binomialverteilung. Wie FATHOM dies berechnet, lernen Sie in einer Arbeitsumgebung im Abschnitt 8.3.3 kennen.

8.3.2 Simulationsumgebung für Konfidenzintervalle

Wir lernen nun, wie man den zufallsabhängigen Charakter von Konfidenzintervallen mit FATHOM demonstrieren kann.

1. Ziehen Sie eine neue Kollektion in Ihren Arbeitsbereich. Wählen sie im Kontextmenü der Kollektion **Info Kollektion**. Definieren Sie ein Merkmal h, dass die relative Häufigkeit eines simulierten Anteils darstellt. Öffnen Sie mit einem Doppelklick in die Formelzelle des Merkmals h den Formeleditor. Definieren Sie das Merkmal mit der Formel ZufallBinomial(500;0,3)/500. Bestätigen Sie Ihre Eingabe mit **OK**. Definieren Sie ebenso drei weitere Merkmale *unteres_KI*, *oberes_KI* und *Anteil_p_in_KI* wie in der Abbildung zu sehen.

Die Merkmale die *unteres_KI* und *oberes_KI* bestimmen die untere und obere Konfidenzintervallgrenze des 95%-Vertrauensintervalls, das Merkmal *Anteil_p_in_KI* gibt an, ob die wahre Wahrscheinlichkeit $p = 0,3$ innerhalb des Konfidenzintervalls liegt oder nicht.

2. Wählen Sie **Neue Fälle...** aus dem Kontextmenü und fügen Sie 1000 Fälle.

Wir haben 1000mal das Ziehen einer Stichprobe der Länge 500 mit $p = 0,3$ simuliert. Abhängig vom Stichprobenergebnis berechnen wir ein Konfidenzintervall. Theoretisch müsste in ca. 950 von 1000 Fällen das wahre $p = 0,3$ in den berechneten Konfidenzintervallen enthalten sein, das Merkmal *Anteil_p_in_KI* müsste also etwa 950mal den Wert *wahr* zurückgeben.

3. Ziehen Sie eine neue Auswertungstabelle in den Arbeitsbereich und platzieren Sie das Merkmal *Anteil_p_in_KI* in den entsprechenden Bereich der Auswertungstabelle. Verändern Sie die Formel so, dass der relative Anteil an Überdeckungen des Konfidenzintervalls angezeigt wird (folgende Abbildung links).

Wir sehen, dass mit einer relativen Häufigkeit von 94,9% der wahre Parameter in dem Konfidenzintervall liegt.

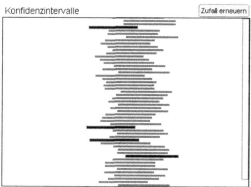

4. Wenn Sie das Kollektionsfenster als graphische Anzeigefläche einsetzen, können Sie mit den entsprechenen Festlegungen die Überdeckungen des Konfidentintevalls veranschaulichen. (Die Abbildung oben rechts zeigt einen Ausschnitt des ersten Teils der 1000 Fälle.) Einen Lösungsvorschlag für die Erstellung einer solchen Anzeige entnehmen Sie bitte der unteren Abbildung. Mit Strg+Y können Sie die Stichprobenziehung erneuern und beobachten, wie sich die Überdeckungen ändern.

Merkmale	Wert	Formel
x	204,4	$(\dfrac{oberes\_KI + unteres\_KI}{2}) \, 700$
y	15	$10 + Index \cdot 5$
Abbildung		wenn ((oberes_KI ≥ 0,3) und (unteres_KI ≤ 0,3)) $\begin{cases} GrunesQuadratSymbol \\ RotesQuadratSymbol \end{cases}$
Breite	79,7093	$((oberes\_KI - unteres\_KI) \, 1000)$
Höhe	3	3
Überschrift		""

8.3.3 Eine Arbeitsumgebung zur Berechnung von Konfidenzintervallen

Wenn die Normalapproximation nicht tragfähig ist, berechnet FATHOM das Konfidenzintervall anders. Wir betrachten dies an dem bereits in Abschnitt 8.3.1 behandelten Beispiel, bei dem wir zugleich demonstrieren, wie man mit FATHOM interaktiv Arbeitsumgebungen erstellen kann.

Es sei $n = 50$ und wir haben vier Erfolge beobachtet. Wir suchen ein 80%-Konfidenzintervall für diese Beobachtung. Wie wir gesehen haben berechnet FATHOM als Werte des Konfidenzintervalls $[p_{min}, p_{max}]$ mit $p_{min} = 0,03535$ und $p_{max} = 0,1535$. Wir erklären, wie die Berechnung erfolgt. Dazu betrachten wir die Funktion

$$F_1(p) := P(X \leq 4 \,|\, p).$$

Die Funktion $F_1(p)$ ist monoton fallend. Das Konfidenzintervall soll alle Werte p umfassen, in deren mittleren 80%-Bereich die betrachtete Anzahl $k = 4$ fällt, d. h. 4 muss sowohl im oberen 90%-Bereich wie auch im unteren 90%-Bereich von p liegen. Im oberen 90%-Bereich zu liegen bedeutet, es muss $P(X \leq 4 \,|\, p) \geq 10\%$ gelten. Die obere Grenze ist bei p_{max} erreicht, wenn gilt:

$$F_1(p_{max}) = P(X \leq 4 \,|\, p_{max}) = 10\%. \tag{8.1}$$

Für größere p ist $F_1(p) < 10\%$ und 4 fällt aus dem Bereich der mittleren 80% heraus.

Das Minimum p_{min} finden wir wie folgt. Wir betrachten:

$$F_2(p) := P(X \geq 4 \,|\, p) = 1 - P(X \leq 3 \,|\, p).$$

Die Funktion $F_2(p)$ ist monoton wachsend. Das Konfidenzintervall soll alle Werte p umfassen, in deren mittleren 80%-Bereich die beobachtete Anzahl p fällt. Die 4 muss im unteren 90%-Bereich liegen, d. h. es muss $P(X \geq 4 \,|\, p) \geq 10\%$ gelten. Die untere Grenze ist erreicht, wenn

$$F_2(p_{min}) := P(X \leq 4 \,|\, p_{min}) = 10\%. \tag{8.2}$$

Bei kleinerem p ist $F_2(p) < 10\%$ und 4 fällt aus dem Bereich der mittleren 80% heraus. Die Gleichungen (8.1) und (8.2) werden in FATHOM mit Routinen gelöst, die die inverse Beta-Integral-Funktion benutzen.

Unsere Arbeitsumgebung stützt sich auf eine ähnliche Arbeitsumgebung, die Bill Finzer entwickelt hat[1].

1. Bauen Sie die nachfolgend abgebildete Arbeitsumgebung auf, deren Einrichtung weitgehend selbsterklärend ist. Vergrößern Sie dann p solange, bis die Wahrscheinlichkeit $P(X \leq 4)$ bei 10% angelangt ist. Sie sehen diese Wahrscheinlichkeit in der Auswertungstabelle numerisch und in der Graphik als Fläche unter dem Graphen links von der Gerade bei $x = 5(!)$. Das ist genau bei dem von FATHOM berechneten Wert von 0,1535 der Fall.

---

[1] http://www.keypress.com/fathom/fathom1/downloads/sample_docs/file_downloads/EstProportionAlgorithm.ftm)

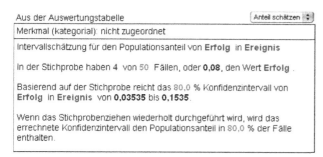

Binomialberechnung

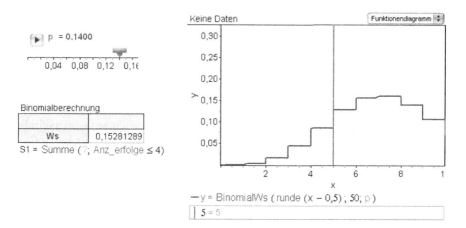

Wir sehen auch, dass bei wanderndem p der Flächeninhalt links von $x = 5$ immer kleiner wird.

2. Verändern Sie nun die Arbeitsumgebung, indem Sie jetzt die Funktion $F_2(p)$ in der Auswertungstabelle auswerten und in der Graphik eine Gerade bei $x = 4$ einzeichnen.

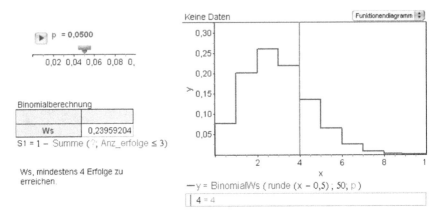

3. Verkleinern Sie nun p solange, bis gerade die Wahrscheinlichkeit $P(X \geq 4 \,|\, p) = 10\%$ erreicht ist. Sie sehen diese Wahrscheinlichkeit in der Auswertungstabelle numerisch und in der Graphik als Fläche unter dem Graphen rechts von der Gerade bei $x = 4$. Das ist genau bei dem von FATHOM berechneten Wert von 0,03535 der Fall.

8.4 Weitere Testverfahren

8.4.1 Tests auf Zufälligkeit

Eine Zufallsfolge hat komplexere Strukturen, die die meisten Menschen intuitiv nicht erwarten. Man stelle Schüler(inne)n oder Student(inn)en die Aufgabe, eine Abfolge von 36 Jungen- und Mädchengeburten in einer Geburtsklinik zu simulieren, wobei man annimmt, dass die Wahrscheinlichkeit für beide Geschlechter gleich groß ist. Die Folge der Jungen (J) und Mädchen (M) soll „nach Gefühl" aufgeschrieben werden, wobei man einen „typischen" zufälligen Verlauf erzeugen soll.

Man bekommt oft Abfolgen der folgenden Art, bei denen zu häufig das Geschlecht gewechselt wird, weil man meint, die Irregularität des Zufalls würde sich so zeigen. Des weiteren ergibt sich 3 als die maximale Länge einer gleichförmigen Serie (technischer Begriff: *Run*). Experten wissen, dass dies aber eher ungewöhnlich ist.

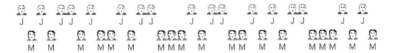

Wir wollen testen, ob diese Daten mit der Nullhypothese verträglich sind, dass die Folge zufällig erzeugt wurde, also bei der stochastischen Unabhängigkeit fortlaufender Geburten und mit einer Wahrscheinlichkeit 1/2 für jedes der beiden Ergebnisse. Hierfür gibt es in FATHOM keine fest eingebauten Tests, man kann sich aber eine Teststatistik wählen und deren Verteilung unter der Nullhypothese simulieren. Dabei schätzt man ab, wie wahrscheinlich das obige Ergebnis (oder ein noch extremer von der Nullhypothese abweichendes) unter diesen Voraussetzungen ist. Als Kriterien wählen wir:

X_1: Länge des längsten Runs (hier 3)
X_2: Anzahl der Runs (hier 26)

Man benutzt in FATHOM dazu die Funktion *RunLänge()*.

1. Öffnen Sie die Datei *Geburtsklinik_Daten.ftm* und lassen Sie sich in einer Datentabelle die beiden Merkmale zeigen.

Geburtsklinik		
	Geschlecht	Aktuelle_Länge_Run
=		RunLänge (Geschlecht)
1	J	1
2	M	1
3	J	1
4	M	1
5	J	1
6	J	2
7	M	1
8	J	1
9	M	1
10	M	2
11	J	1
12	M	1
13	J	1
14	J	2
15	M	1
16	M	2
17	M	3

Alternativ können Sie eine neue Datentabelle anlegen, in die erste Spalte die Abfolge der Geschlechter aus der obigen Graphik eintragen und die zweite Spalte über die gezeigte Formel definieren. Die Funktion *RunLänge()* misst jeweils die aktuelle Länge des jeweils laufenden Runs. Dadurch ergeben sich folgende Formeln:

X_1: Länge des längsten Runs: *Max(RunLänge(Geschlecht))*
X_2: Anzahl der Runs: *Anzahl(RunLänge(Geschlecht)=1)*

Wir simulieren die Situation wiederholt und messen X_1 und X_2 als Messgrößen (Zufallsgrößen). Auf der Basis der Stichprobenverteilung beurteilen wir dann die eingangs gegebenen Daten.

2. Fügen Sie ein drittes Merkmal in der Datenbelle hinzu, nennen Sie es *Geschlecht_Simu* und definieren Sie seine Werte über die Formel *Zufalls-Wahl("J";"M")* (Kontextmenü: **Formel bearbeiten**).

3. Öffnen Sie das Info-Fenster der Kollektion und definieren Sie die zwei Messgrößen zu X_1 und X_2.

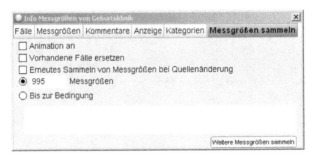

4. Selektieren Sie die Kollektion und wählen Sie aus dem Kontextmenü **Messgrößen sammeln**. Es wird eine neue Kollektion *Messgrößen von Geburtsklinik* erstellt.

5. Selektieren Sie diese Kollektion, öffnen Sie das Info-Fenster und nehmen Sie auf der Registerkarte **Messgrößen sammeln** die unten stehenden Einstellungen vor. Betätigen Sie den Button **Weitere Messgrößen sammeln**.

In Ihrer Kollektion *Messgrößen von Geburtstklinik* haben Sie jetzt 1000mal die 36 Geburten simuliert.

6. Ziehen Sie zwei leere Graphiken aus der Symbolleiste in Ihren Arbeitsbereich. Ziehen Sie das Merkmal *Max_Runs* auf die horizontale Achse der ersten Graphik und das Merkmal *Anzahl_Runs* auf die horizontale Achse der zweiten Graphik. Ändern Sie den Diagrammtyp **Punktdiagramm** in **Histogramm** (Pull-down-Menü oben rechts) und wählen Sie aus dem Kontextmenü **Skala>Relative Häufigkeit**. Zeichnen Sie den Wert 3 in das Diagramm mit *Max_Runs* und den Wert 26 in das Diagramm mit *Anzahl_Runs* ein. Das sind die beiden beobachteten Werte.

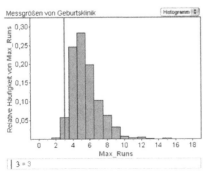
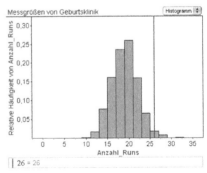

Beide Ergebnisse liegen also im extremen Bereich. Wir berechnen die P-Werte.

7. Erzeugen Sie eine neue Auswertungstabelle in Ihrem Arbeitsbereich. Fügen Sie über das Kontextmenü zwei Formeln hinzu, um die P-Werte zu berechnen.

Messgrößen von Geburtsklinik	
	1000
	0,06
	0,014
S1 = Anzahl ( )	
S2 = Anteil (Max_Runs ≤ 3)	
S3 = Anteil (Anzahl_Runs ≥ 26)	

Beide P-Werte erzeugen große Zweifel an unserer Nullhypothese. Beim ersten Test hätten wir die Nullhypothese bei vorgewähltem Signifikanzniveau von 5% aber gerade noch nicht verwerfen können.

8.4.2 Test auf Unabhängigkeit – Randomisierungstests

Wir beschäftigen uns mit einem fiktiven Beispiel. In einem Krankenhaus wurde eine neue Behandlungsmethode getestet. 55 von 100 Patienten wurden zufällig ausgewählt und mit der neuen Methode behandelt, die anderen 45 mit der alten Methode. Alle Beteiligten wussten nichts von der Zuordnung (Randomisierter Doppelt-Blind-Versuch). Im Ergebnis zeigte sich folgendes Bild:

Krankenhaus		Methode		Zellen-zusammenfassung
		Alte_Methode	Neue_Methode	
Zustand	geheilt	40	53	93
	krank	5	2	7
Spaltenzusammenfassung		45	55	100
S1 = Anzahl ( )				

Die neue Methode scheint besser zu sein, aber kann es nicht am Zufall liegen, dass in der Gruppe mit der neuen Methode nur zwei Personen nicht geheilt wurden?

Es gibt verschiedene Methoden, dies in FATHOM zu prüfen. Wir gehen davon aus, dass uns die Daten zunächst nicht als Rohdatentabelle, sondern lediglich als Tabelle wie oben in gedruckter Form vorliegen.

1. Ziehen Sie ein neues **Test**-Objekt in Ihren Arbeitsbereich. Wählen Sie aus dem Menü **Unabhängigkeit testen**.

2. Tragen Sie im unteren Feld unter **Erstes Merkmal** *Methode* ein, und unter **Zweites Merkmal** *Zustand*. Bei **Anzahl der Kategorien** tragen Sie beides Mal 2 ein. Öffnen Sie dann das Fenster so weit, dass Sie alle Informationen sehen.

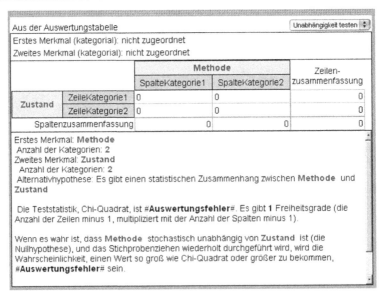

Es hat sich eine Vier-Felder-Tafel geöffnet.

3. Geben Sie hierin die vorliegenden Häufigkeitsinformationen ein. Die Zeilen- und Spaltenzusammenfassungen errechnen sich automatisch, ebenso wie die Erwartungswerte in den Klammern. Sie können noch die Kategoriebezeichnungen nachtragen. Wir verzichten hier darauf.

Aus der Auswertungstabelle				Unabhängigkeit testen ⇅
Erstes Merkmal (kategorial): nicht zugeordnet				
Zweites Merkmal (kategorial): nicht zugeordnet				
		Methode		Zeilen-zusammenfassung
		SpalteKategorie1	SpalteKategorie2	
Zustand	ZeileKategorie1	40 (41,9)	53 (51,1)	93
	ZeileKategorie2	5 (3,1)	2 (3,9)	7
Spaltenzusammenfassung		45	55	100

Erstes Merkmal: **Methode**
Anzahl der Kategorien: 2
Zweites Merkmal: **Zustand**
Anzahl der Kategorien: 2

Warnung: 2 von 4 Zellen haben erwartete Werte kleiner als 5.

Alternativhypothese: Es gibt einen statistischen Zusammenhang zwischen **Methode** und **Zustand**

Die Teststatistik, Chi-Quadrat, ist **2,124**. Es gibt **1** Freiheitsgrade (die Anzahl der Zeilen minus 1, multipliziert mit der Anzahl der Spalten minus 1).

Wenn es wahr ist, dass **Methode** stochastisch unabhängig von **Zustand** ist (die Nullhypothese), und das Stichprobenziehen wiederholt durchgeführt wird, wird die Wahrscheinlichkeit, einen Wert so groß wie Chi-Quadrat oder größer zu bekommen, **0,14** sein.

Die Zahlen in Klammern in der Tabelle geben die Erwartungswerte bei stochastischer Unabhängigkeit an.

Im Ergebnis erhalten wir einen P-Wert von 14%. Wir würden die Nullhypothese, dass der Zustand nach der Behandlung stochastisch unabhängig von der Behandlungsmethode ist, nicht verwerfen. Allerdings weist die Warnung darauf hin, dass die Anwendung des voreingestellten χ^2-Test problematisch ist.

Alternative Zugänge sind verfügbar, wenn die Daten der Tabelle als Rohdaten in einer Urliste vorliegen. Sie könnten die 100 Zeilen manuell eingeben. Einfacher ist es aber die Zeilen automatisch mit einem geschickt eingesetzten *wenn*-Kommando zu füllen, z. B im ersten Schritt:

$$wenn(Index \leq 55) : \begin{cases} \text{„Neue\_ Methode"} \\ \text{„Alte\_ Methode"} \end{cases}.$$

Dann muss noch die zweite Spalte gefüllt werden. Alles liegt bereits in einer FATHOM-Datei vor:

4. Öffnen Sie die Datei *Krankenhaus.ftm*. Der Arbeitsbereich sieht wie folgt aus:

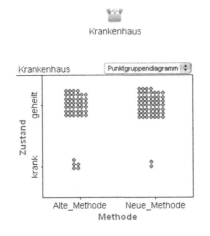

Krankenhaus		
	Methode	Zustand
1	Alte_Methode	krank
2	Alte_Methode	krank
3	Alte_Methode	krank
4	Alte_Methode	krank
5	Alte_Methode	krank
6	Alte_Methode	geheilt
7	Alte_Methode	geheilt
8	Alte_Methode	geheilt
9	Alte_Methode	geheilt
10	Alte_Methode	geheilt
11	Alte_Methode	geheilt

Krankenhaus

		Methode		Zeilen-
		Alte_Methode	Neue_Methode	zusammenfassung
Zustand	geheilt	40	53	93
	krank	5	2	7
Spaltenzusammenfassung		45	55	100

S1 = Anzahl ( )

Sie könnten nun wie unter Punkt 1 bis Punkt 3 verfahren, aber statt der direkten Eingabe der Häufigkeitsdaten jetzt die beiden Merkmale an die entsprechenden Stellen im **Test**-Objekt ziehen. Es würden genau dieselben Ergebnisse reproduziert.

Wir wählen einen alternativen Weg, der theorieärmer ist als die Nutzung des vorbereiteten χ^2-Tests (vgl. auch Kapitel 6, Randomisierung beim Briefeproblem), den sog. Randomisierungs- oder Permutationstest.

Wenn die Hypothese der Unabhängigkeit zutrifft, dann ist die Zuordnung einer Behandlungsmethode vergleichbar damit, dass 55 zufällig gewählten Personen ein Etikett *Neue_Methode* aufgeklebt würde, den restlichen 45 das Etikett *Alte_Methode*. In Wirklichkeit wird aber nur eine einzige Behandlungsmethode angewandt. Wie wahrscheinlich ist es nun, dass unter denen mit dem Etikett „Neue_Methode" rein zufällig nur zwei oder noch weniger Kranke sind?

Als Teststatistik betrachten wir die Anzahl t mit Zustand „krank", die zugleich das Etikett *Neue_Methode* tragen. Wir wiederholen eine zufällige Zuordnung aller 100 Personen zu Etiketten und berechnen wieder unsere Testgröße t. Am Ende schätzen wir den P-Wert, d. h. die Wahrscheinlichkeit, rein zufällig zwei oder weniger Kranke unter denen mit dem Etikett *Neue_Methode* zu erhalten.

5. Selektieren Sie die Kollektion *Krankenhaus* und wählen Sie aus dem Kontextmenü **Merkmalausprägungen randomisieren**. Es wird eine Kollektion *Randomisierung ist durchgeführt Krankenhaus* erzeugt.

6. Selektieren Sie diese Kollektion und erzeugen Sie eine neue Datentabelle dazu. Stellen Sie diese Datentabelle neben die ursprüngliche Datentabelle.

Krankenhaus

	Methode	Zustand
1	Alte_Methode	krank
2	Alte_Methode	krank
3	Alte_Methode	krank
4	Alte_Methode	krank
5	Alte_Methode	krank
6	Alte_Methode	geheilt
7	Alte_Methode	geheilt
8	Alte_Methode	geheilt
9	Alte_Methode	geheilt
10	Alte_Methode	geheilt
11	Alte_Methode	geheilt

Randomisierung ist durchgeführt Kran...

	Methode	Zustand
1	Alte_Methode	krank
2	Neue_Methode	krank
3	Neue_Methode	krank
4	Alte_Methode	krank
5	Alte_Methode	krank
6	Neue_Methode	geheilt
7	Neue_Methode	geheilt
8	Neue_Methode	geheilt
9	Neue_Methode	geheilt
10	Alte_Methode	geheilt
11	Alte_Methode	geheilt

Sie sehen exemplarisch, wie jetzt den Personen zufällig das Etikett *Neue_Methode* bzw. *Alte_Methode* zugeordnet wurde.

7. Doppelklicken Sie in die Kollektion *Randomisierung...* und machen Sie auf der Registerkarte **Messgrößen** die folgenden Eingaben:

8. Kontrollieren Sie vorsichtshalber, welches Merkmal randomisiert wurde, indem Sie die Registerkarte **Randomisiere** wählen. Das randomisierte Merkmal wird angezeigt, also hier korrekt das Merkmal *Methode*. Klicken Sie an den Rand dieses Feldes und es erscheint links eine Liste aller Merkmale, aus der Sie ggf. ein anderes Merkmal auswählen könnten. Hier ist aber bereits alles richtig eingestellt, da automatisch das erste Merkmal gewählt wurde und dies war *Methode*.

9. Selektieren Sie nun die Kollektion *Randomisierung...* und wählen Sie aus dem Kontextmenü **Messgrößen sammeln**. Das Messgrößensammeln bewirkt immer wieder eine neue Randomisierung der Merkmalsausprägungen. Es entsteht eine neue Kollektion mit folgendem Namen:

10. Doppelklicken Sie auf diese Kollektion, so dass sich das Info-Fenster öffnet. Nehmen Sie auf der Registerkarte **Messgrößen sammeln** die unten stehenden Einstellungen vor und klicken Sie in das Feld **Messgrößen sammeln**, um weitere 995 Randomisierungen durchzuführen.

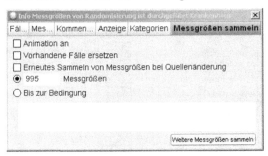

11. Wechseln Sie im Info-Fenster auf **Fälle** und ziehen Sie das einzige Merkmal *Krank_und_NeueMethode* in eine leere Graphik auf die horizontale Achse. Ändern Sie den Diagrammtyp in **Histogramm** und stellen Sie über das Kontextmenü **Skala>Relative Häufigkeit** ein.

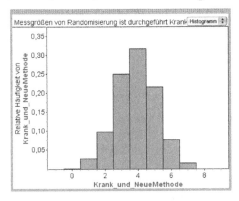

Wir sehen bereits in dieser Graphik, dass wir hier zwei oder weniger Kranke in etwa 13% der Fälle bekommen. Wir berechnen das jetzt über die relativen Häufigkeiten genau.

12. Ziehen Sie das Merkmal *Krank_und_NeueMethode* in eine leere Auswertungstabelle und ersetzen Sie die automatisch erscheinende Formel *aMittel()* durch die unten stehende.

Messgrößen von Randomisierung ist durchgeführt Krankenha...	
Krank_und_NeueMethode	0,126
S1 = Anteil (? ≤ 2)	

Der P-Wert liegt hier in der Nähe des P-Wertes beim χ^2-Test. Die Abweichungen ergeben sich durch zwei Faktoren. Erstens haben wir beim Randomisierungstest nur mit $n = 1000$ simuliert, so dass hier eine Abweichung zwischen Wahrscheinlichkeit und relativer Häufigkeit anzunehmen ist. Zweitens beruht der χ^2-Test auf dem Vergleich mit der χ^2-Verteilung. Die χ^2-Verteilung ist aber nur approximativ die richtige Verteilung und nicht exakt.

In jedem Fall können wir die Nullhypothese der Unabhängigkeit nicht ablehnen.

Das vorliegende Beispiel sollte die Methode des Randomisierungstests illustrieren. In diesem Spezialfall könnte man den P-Wert auch theoretisch exakt bestimmen. Das Randomisieren kann man sich auch so vorstellen, dass aus einer Urne mit 100 Kugeln, davon 7 krank und 93 geheilt ohne Zurücklegen 55 Kugeln (neue Methode) gezogen werden. Die Anzahl der Kranken X unter den 55 gezogenen ist dann hypergeometrisch verteilt und es gilt

$$P(X \leq x) = HyperGeomKumulativ\,(x; 100; 7; 55).$$

Für $x = 2$ ergibt sich wie folgt der exakte P-Wert.

13. Erzeugen Sie eine leere Auswertungstabelle in Ihrem Arbeitsbereich. Wählen Sie aus dem Kontextmenü **Formel hinzufügen** und aus dem Listenfenster des Formeleditors **Funktionen>Verteilungen>Hypergeometrische V.>HyperGeomKumulativ**. Geben Sie die Parameter wie unten stehend ein.

Keine Daten	
Ein Merkmal hier platzieren	
	0,14416125
S1 = HyperGeomKumulativ (2; 100; 7; 55)	

Dieses Verfahren ist auch als Fisher's Exakter Test bekannt.

In FATHOM lassen sich zahlreiche Testverfahren mit der allgemeinen Werkzeugkapazität realisieren, man vergleiche dazu auch die Beispieldokumente, in denen u. a. auch nicht-parametrische Testverfahren realisiert werden.

Sachverzeichnis

Printed in the United States
By Bookmasters